视频拍摄与剪映剪辑

技巧大全

龙飞◎编著

化学工业出版社

·北京·

内 容 简 介

50 多个热门短视频案例，手把手教你制作爆款短视频；58 个手机教学视频，扫描二维码查看制作的全部过程，从前期拍摄到后期剪辑，再到爆款调色，应有尽有。

9 大专题内容，从短视频的运镜手法、特效道具、字幕效果、照片变视频、爆款调色、动感卡点、创意视频、电影特效及热门 Vlog 等角度，帮助大家从短视频新手成为短视频高手。

本书适合所有短视频创作者与运营者，特别是想要进军抖音、快手、B 站、视频号等平台的短视频玩家，以及想要寻求突破的短视频创作者。本书提供相关案例素材下载（下载方式见本书封底），可作为短视频相关专业教材使用。

图书在版编目（CIP）数据

视频拍摄与剪映剪辑技巧大全 / 龙飞编著. 一北京：化学工业出版社, 2022.2（2024.2重印）

ISBN 978-7-122-40380-3

Ⅰ. ①视… Ⅱ. ①龙… Ⅲ. ①视频制作－教材 Ⅳ. ①TN948.4

中国版本图书馆CIP数据核字(2021)第248575号

责任编辑：李 辰 孙 炜　　装帧设计：盟诺文化
责任校对：田睿涵　　封面设计：王晓宇

出版发行：化学工业出版社（北京市东城区青年湖南街 13 号　邮政编码 100011）
印　　装：北京建宏印刷有限公司
710mm×1000mm 1/16　印张 $15^{1}/_{2}$　字数 319 千字　2024 年 2 月北京第 1 版第 3 次印刷

购书咨询：010-64518888　　售后服务：010-64518899
网　　址：http：//www.cip.com.cn
凡购买本书，如有缺损质量问题，本社销售中心负责调换。

定　价：78.00 元

前　言

当前，我国已经进入了“全民短视频时代”，短视频平台已经成为人们娱乐和消遣，甚至是学习和了解资讯的主流平台。用户的阅读习惯也从图文逐渐过渡到了短视频，80%的娱乐、记录生活或产品出售都将以短视频的方式呈现给消费者。

随着短视频行业的爆发，为所有的个人和企业带来了前所未有的商业机会。尤其是以抖音为核心的短视频平台，为个人和企业提供了一个与用户面对面进行价值传递和品牌打造的新平台、新途径、新模式。

虽然现在市场上有很多关于短视频的书籍，但大部分都是专注于短视频运营和变现的内容，真正讲解短视频的抖音拍摄和剪映剪辑的书还是非常少。基于此，笔者根据自己多年的实操经验，同时收集大量的热门爆款短视频作品，结合这些实战案例策划和编写了这本书，希望能够真正帮助大家提升自己的短视频后期技能。

本书从视频拍摄和剪映剪辑两个大方向展开，具体内容包括运镜手法、特效道具、字幕效果、一张照片做视频、爆款调色、动感卡点、创意视频、电影特效及热门Vlog等9大专题。

（1）运镜手法：拍摄短视频时，为了让画面更具有动感，拍摄者需要让镜头动起来，但镜头的运动也是有方法的。笔者在本书中将镜头的运动分为了推拉运镜、横移运镜、环绕运镜、升降运镜及盗梦空间5种运镜方式，掌握这些运镜技巧，就能拍摄出高质量的短视频。

（2）特效道具：抖音App中有非常多的特效道具，并且很多特效道具都非常有趣好玩，笔者从上百个爆款短视频中挑选了10个使用人数上千万并且具有特色的道具，让读者也能拍出百万点赞的短视频。

（3）字幕效果：字幕对于短视频而言是非常重要的，它能够让观众更快地了解短视频的内容，有助于观众记住其中想要表达的信息，有特色的字幕更能让人眼前一亮。

（4）一张照片：对于初学者来说，拍摄视频可能有一定的难度，但其实一张照片也能创作出非常精彩的短视频，只需要一点创意即可实现。笔者在本章中介绍了6种用一张照片就能创作出的爆款短视频。

（5）爆款调色：短视频的色调也是影响短视频观感的一个重要因素，本章主要介绍了7种爆款色调，给大家提供更多短视频主题适合的色调，实现完美的色调视觉效果，让短视频更加高级。

（6）动感卡点：卡点短视频是一类非常受欢迎的短视频，其制作技巧简单却不失热度。本章介绍了8种热门卡点短视频，帮助大家轻松把控卡点，创造出更多好玩有趣的卡点短视频。

（7）创意视频：本章详细介绍了一些非常炫酷的转场效果和具有创意的制作技巧，帮助大家快速打造爆款短视频，并从中得到更多的奇思妙想，提高大家的创造力和发现热点的敏锐度。

（8）电影特效：本章详细介绍了一些电影中经常出现的特效拍摄技巧，以及一些后期剪辑技巧，帮助大家拍出电影特效，提高短视频的档次和质量，轻松收获百万点赞。

（9）热门Vlog：本章详细介绍了Vlog视频的构思、拍摄及后期剪辑技巧，让大家在下班回家的路上也能拍出拥有小清新电影感的Vlog视频，用视频记录美好的生活。

特别提示：本书在编写时，是基于当前抖音、剪映等App截取的实际操作步骤图片，但书从编辑到出版需要一段时间，在这段时间里，软件界面与功能会有调整与变化，比如有些功能被删除了，或者增加了一些新功能等，这些都是软件开发商做的软件更新。若图书出版后相关软件有更新，请以更新后的实际情况为准，根据书中的提示，举一反三进行操作即可。

本书由龙飞编著，提供视频素材和拍摄帮助的人员还有余小芳、向小红、苏高、明亚莉、苏苏、包超锋、严茂钧、杨婷婷、巧慧、燕羽、徐必文、余航（鱼头YUTOU）、黄建波及王甜康等人，在此表示感谢。由于作者知识水平有限，书中难免有错误和疏漏之处，恳请广大读者批评、指正，联系微信：2633228153。

编　者

目 录

第 4 章　一张照片：玩出 N 个爆款视频

第 5 章　爆款调色：高级又经典的色调

第 6 章　动感卡点：听觉与视觉的冲击

第 1 章

运镜手法：轻松学会大神秘技

在拍摄短视频时，需要在镜头的运动方式上下功夫，本章将介绍推拉运镜、横移运镜、环绕运镜、升降运镜及盗梦空间 5 种运镜方法，掌握这些“大神”们常用的运镜手法，能够帮助大家更好地突出视频的主体和主题，让观众的视线集中在所要表达的对象上，同时让短视频作品更加生动，更有画面感。

推拉运镜：突出主体交代场景

扫码看教程　扫码看成片效果

【镜头用法】：推拉运镜是短视频中常用的运镜技巧，设定好路线的起点和终点，沿路线行走，做大范围移动，作用为突出主体，交代场景，能轻松拍出壮观的效果，常用于视频的开头结尾。

❶ 推镜头是由远及近，由整体到局部的一种镜头效果，镜头景别由大变小，能够得到更好的视觉效果，推镜头的操作技巧如图 1–1 所示。

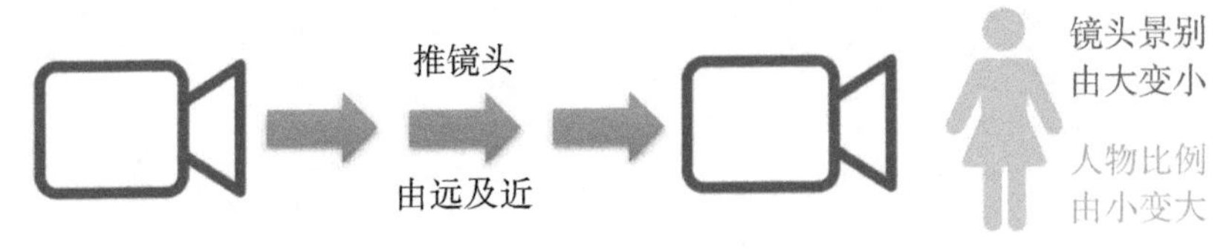

图 1–1　推镜头的操作技巧

❷ 拉镜头与推镜头的原理相反，它是由近到远向后拉，镜头景别由小变大，多用于视频的结尾，拉镜头的操作技巧如图 1–2 所示。

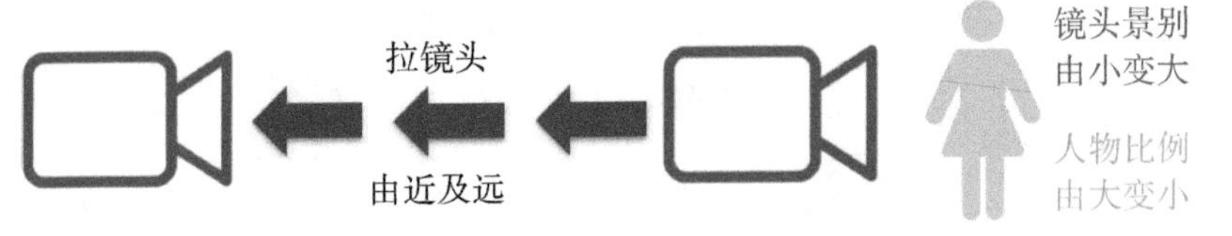

图 1–2　拉镜头的操作技巧

【实拍案例】：下面给大家展示通过以上方法拍摄的视频画面，推镜头主要用于突出细节，让观众注意到人物或物体的细节和动作特征；拉镜头主要用于交代人物或物体所处的环境。

❶ 如图 1–3 所示，画面一开始是一个远景，画面中的主体非常小，通过推镜头的运镜方式，画面中的主体逐渐变大，主体的特征也越来越明显。

图 1–3　推镜头的拍摄示例

❷ 画面中的人物一开始是非常清晰的，可以看清人物的五官特征，通过拉镜头的运镜方式，人物逐渐变小，同时镜头获得更加宽广的取景视角，如图 1-4 所示。

图 1-4　拉镜头的拍摄示例

【过程演示】：以上是通过图解介绍的操作技巧，接下来介绍实际的操作步骤，让大家对推拉运镜有更进一步的了解，帮助大家快速掌握推拉运镜的使用方法。

❶ 在拍摄推镜头时，拍摄者要与被摄对象保持一定的距离，拍摄者手持拍摄设备从远处慢慢靠近被摄对象，如图 1-5 所示。注意，拍摄时最好使用手持稳定器，以此保证画面的稳定性。

图 1-5　推镜头演示

❷ 在拍摄拉镜头时，拍摄者的运动轨迹正好与推镜头相反，如图 1-6 所示。

图 1-6　拉镜头演示

横移运镜：扩大画面的空间感

扫码看教程

扫码看成片效果

【镜头用法】：横移运镜是指拍摄时镜头按照一定的水平方向移动，与推拉运镜向前后方向运动的不同之处在于，横移运镜是将镜头向左右方向运动。

❶ 横移运镜主要用于表现人物与环境之间的关系，通常用于短视频的情节中；❷ 在使用横移运镜时，镜头要与被摄对象保持同样的运动速度，横移运镜的操作技巧如图 1–7 所示。

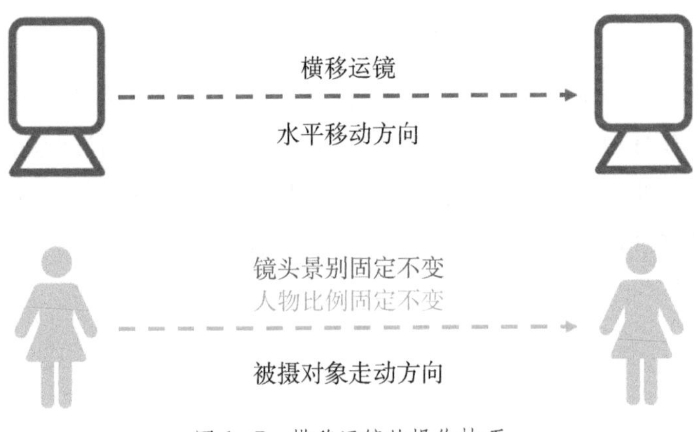

图 1–7　横移运镜的操作技巧

【实拍案例】：下面给大家展示通过以上方法拍摄的视频画面，在使用横移运镜时非常考验拍摄者的技术，需要拍摄者平稳地跟随被摄对象移动。

可以看到，被摄对象在画面中的大小不变，但随着被摄对象的移动，背景发生了改变，如图 1–8 所示。

图 1–8　横移运镜的拍摄示例

【过程演示】：以上是通过图解介绍的操作技巧，接下来介绍实际的操作步骤，让大家更清晰地看到其操作方法，方便大家学习理解。

横移运镜最重要的一点就是拍摄者要与被摄对象保持匀速移动，拍摄者与被摄对象之间的距离始终不变，如图 1-9 所示。

图 1-9　横移运镜演示

TIPS 003 环绕运镜：拉大整个画面张力

【镜头用法】：环绕运镜是指拍摄者围绕被摄对象 360° 环绕拍摄，操作时有一定的难度，拍摄者需要与被摄对象保持一致的环绕半径，并保持匀速运动。

扫码看教程

扫码看成片效果

❶ 运用环绕运镜拍摄时，可以体现被摄对象周围 360° 的环境和空间特点，增强画面的空间感；❷ 拍摄者与被摄对象的距离不变，运动速度也不变，环绕运镜的操作技巧如图 1-10 所示。

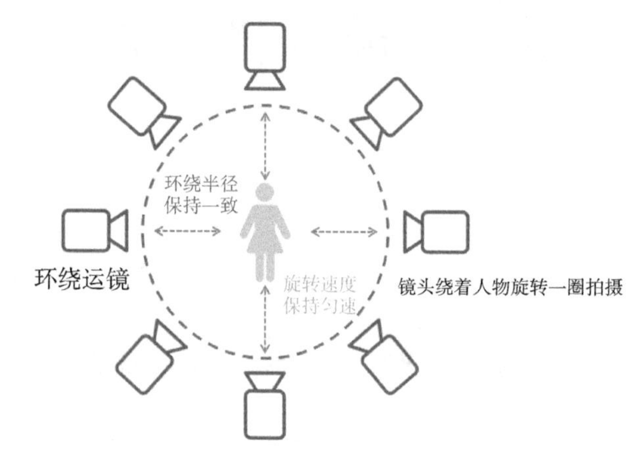

图 1-10　环绕运镜的操作技巧

【实拍案例】：下面给大家展示通过以上方法拍摄的视频画面，在使用环绕运镜时非常容易发生抖动，为了让画面保持平稳流畅，建议大家拍摄时使用手持稳定器进行拍摄。

可以看到被摄对象在画面中的大小不变，人物的各个面及其四周的环境都可以看到，更能突出被摄对象，如图 1–11 所示。

图 1–11　环绕运镜的拍摄示例

【过程演示】：以上是通过图解介绍的操作技巧，接下来介绍实际的操作步骤，帮助大家快速掌握环绕运镜的使用方法。

环绕运镜是以拍摄者与被摄对象的距离为半径，以被摄对象为中心，拍摄者围绕被摄对象进行 360° 旋转，形成一个圆形的运动轨迹，如图 1–12 所示。

图 1–12　环绕运镜演示

升降运镜：带来画面的扩展感

扫码看教程

扫码看成片效果

【镜头用法】：升降运镜是指升镜头和降镜头两种运镜方法，拍摄升镜头时，拍摄者先从主体的底部拍摄，逐渐向上移动镜头；拍摄降镜头时，从主体的上方逐渐向下移动镜头。升降运镜适合拍摄气势宏伟的建筑物、高大的树木、雄伟壮观的高山，以及展示人物的局部细节。

❶ 运用升降运镜拍摄时，拍摄者与被摄对象的距离保持不变；❷ 如果人物在拍摄时处于移动状态，则升降运镜的操作难度会变大，拍摄者可以借助手持稳定器来稳定镜头，使移动过程更为平滑、稳定，升降运镜的操作技巧如图 1–13 所示。

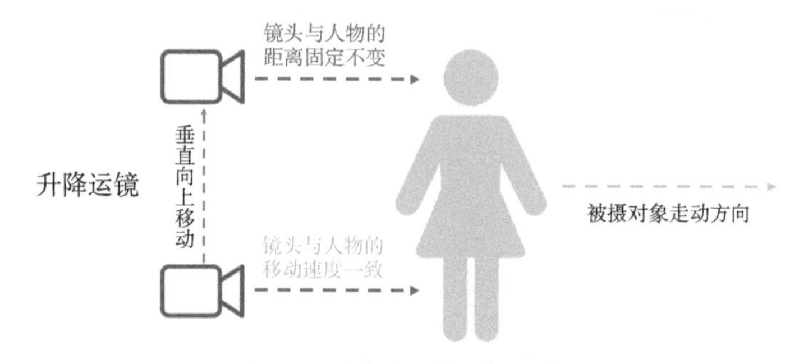

图 1–13　升降运镜的操作技巧

【实拍案例】：下面给大家展示通过以上方法分别拍摄的升镜头和降镜头画面，升镜头是使用无人机拍摄的航拍画面，降镜头是使用手持稳定器拍摄的人物局部细节画面。

❶ 升镜头由无人机拍摄，画面中一开始看到的是地面上的房屋和汽车等，随着无人机逐渐上升，可以看到比较高的风车叶，镜头视野更加广阔，如图 1–14 所示。

图 1–14　升镜头的拍摄示例

❷ 降镜头由手持稳定器拍摄，镜头一开始是在被摄对象的脸部，随着镜头的下降，可以看清被摄对象的穿着打扮，如图 1–15 所示。

图 1–15　降镜头的拍摄示例

【过程演示】: 以上是通过图解介绍的操作技巧，接下来介绍实际的操作步骤，让大家更加直观地看到升降镜头的操作方法，帮助大家更快地学会其使用方法，提高短视频的拍摄质量。

❶ 拍摄升镜头时，镜头首先是在被摄对象的底部，然后缓缓向上移动，最终定格在被摄对象的顶部，如图 1–16 所示。

图 1–16　升镜头演示

❷ 拍摄降镜头时，镜头的运动方向与升镜头的方向相反，如图 1–17 所示。

图 1–17　降镜头演示

TIPS 005 盗梦空间：营造神秘紧张氛围

【要点解析】："盗梦空间"是科幻电影中常常出现的一种拍摄手法，给人营造一种神秘、紧张的氛围。该镜头的拍摄除了非常考验拍摄者的技术，在选择场景时也有一定的要求，最好是寻找一个有纵深空间的场景，效果更佳。

扫码看教程　扫码看成片效果

【实拍案例】：下面给大家展示通过"盗梦空间"运镜拍摄的视频画面，拍摄时最好使用稳定器进行拍摄，否则画面会出现抖动，影响观感。

可以看到，画面在向前推进的同时也在旋转，在视觉上非常具有动感，如图 1-18 所示。

图 1-18　"盗梦空间"的拍摄示例

【过程演示】：接下来介绍实际的操作步骤，让大家也学会"盗梦空间"的拍摄技巧，帮助大家提高短视频的档次。

拍摄者在推进镜头的同时，需要以同样的速度旋转镜头，并始终让被摄对象处于画面的中心位置，如图 1-19 所示。

图 1-19　"盗梦空间"演示

第 2 章

特效道具：打造酷炫的技术流

抖音上拥有非常丰富的特效道具，不仅能够帮助大家拍出有趣的短视频作品，而且还可以吸引数亿用户模仿跟拍。本章主要介绍抖音的“超强变身术”道具、“动态光影”道具、“银杏叶落”道具、“捏脸”道具、“水面倒影”道具、“测测你的动物基因”道具、“变老”道具、“名画变身”道具、“喜欢的歌”道具及“沙画”道具等 10 种特效道具，帮助大家快速制作出点赞破万的短视频。

TIPS 006 《超强变身术》：3 秒变惊艳

“超强变身术”效果是运用抖音道具实现的，非常容易操作。下面介绍使用抖音 App 制作“超强变身术”短视频的具体操作方法。

扫码看教程

扫码看成片效果

1. 超强变身术道具

“超强变身术”既是抖音 App 的一个“最新”道具，也是一个非常容易制作变身短视频的道具。

步骤 01 打开抖音App，点击[+]按钮，如图2-1所示。

步骤 02 默认进入抖音相机的“快拍”模式，点击“道具”按钮，如图2-2所示。

步骤 03 进入道具界面，❶切换至“最新”选项卡；❷找到并选择“超强变身术”道具；❸点击+按钮，如图2-3所示。

图 2-1　点击相应按钮

图 2-2　点击“道具”按钮

步骤 04 进入“所有照片”界面，选择素材，如图2-4所示。

图 2-3　点击相应按钮

图 2-4　选择素材

2. 星星特效

“星星”特效是抖音App的一个“自然”特效，它所呈现的效果就是很多黄色的小星星从屏幕中间向四周发散。

步骤01 执行操作后，直接添加素材，长按拍摄按钮，直到结束，如图2-5所示。

步骤02 录制完成后，进入视频编辑界面，点击“特效”按钮，如图2-6所示。

图2-5 长按相应按钮

图2-6 点击“特效”按钮

步骤03 进入特效界面，❶切换至“自然”选项卡；❷长按“星星”特效，直到结束；❸点击“保存”按钮，如图2-7所示。

步骤04 返回视频编辑界面，查看添加的星星特效，如图2-8所示。

图2-7 点击“保存”按钮

图2-8 查看特效

3. 歌词贴纸

“歌词”贴纸是抖音App的一种贴纸效果，利用它可以快速为视频添加歌词文字。

步骤 01 点击“贴纸”按钮，打开“贴图”选项卡，选择“歌词”选项，如图2–9所示。

步骤 02 进入“选择音乐”界面，❶选择合适的背景音乐；❷点击“使用”按钮，如图2–10所示。

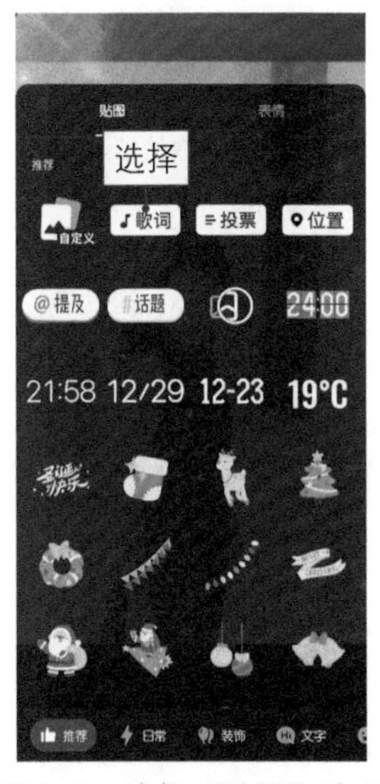

图 2–9　选择“歌词”选项

图 2–10　点击“使用”按钮

步骤 03 执行操作后添加背景音乐，点击歌词字幕，如图2–11所示。

步骤 04 打开字幕样式菜单，选择“蒸汽波”字幕样式，如图2–12所示。

图 2–11　点击歌词字幕

图 2–12　选择“蒸汽波”字幕样式

步骤 05 ❶调整文字的位置；❷点击“下一步”按钮，如图2–13所示。

步骤 06 进入“发布”界面，点击视频缩略图，如图2–14所示。

图 2–13　点击“下一步”按钮

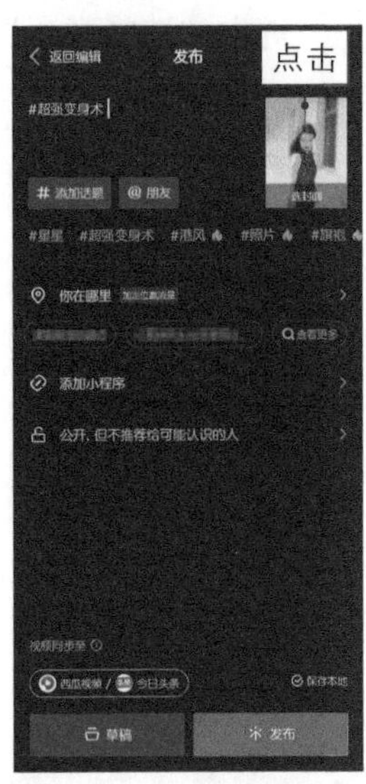

图 2–14　点击视频缩略图

【效果赏析】：执行操作后即可预览视频效果，如图 2–15 所示。可以看到星星向外发散，倒计时后人物出现在画面中。点击“发布”按钮，即可发布视频。

图 2–15　预览视频效果

TIPS 007 《动态光影》：聚焦光彩夺目

“动态光影”是一种左右晃动的光影，适合用于拍摄画面比较暗的短视频中。下面介绍使用抖音 App 制作“动态光影”短视频的具体操作方法。

扫码看教程

扫码看成片效果

1. 动态光影道具

“动态光影”是抖音 App 的一个“氛围”道具，这个道具可以为视频增添更加绚丽的光影。

步骤 01 打开抖音App，点击[+]按钮，如图2-16所示。

步骤 02 默认进入抖音相机的“快拍”模式，点击“道具”按钮，如图2-17所示。

步骤 03 进入道具界面，❶切换至“氛围”选项卡；❷找到并选择“动态光影”道具；❸点击[+]按钮，如图2-18所示。

步骤 04 进入“所有照片”界面，选择素材，如图2-19所示。

图 2-16　点击相应按钮

图 2-17　点击“道具”按钮

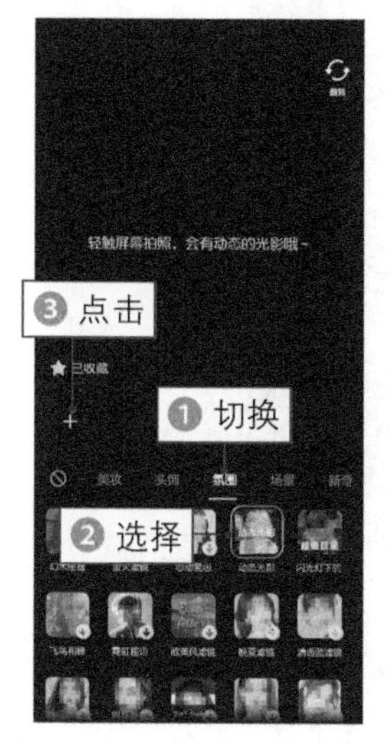

图 2-18　点击相应按钮

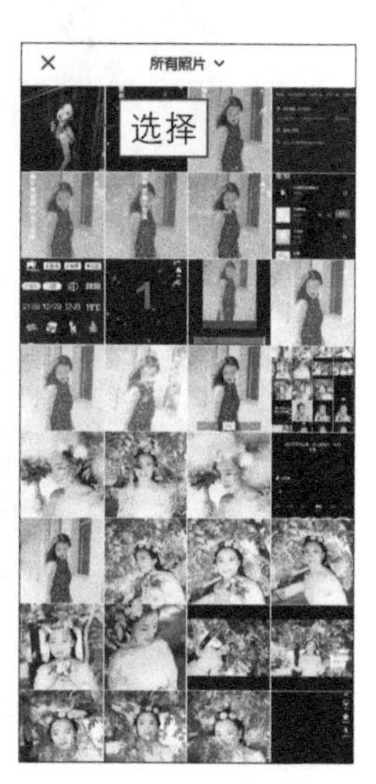

图 2-19　选择素材

2. 模糊变清晰转场

“模糊变清晰”是一种模仿相机对焦的转场效果，添加该效果后，画面一开始是模糊的，看不清画面内容，接着模仿相机对焦使画面变清晰。

步骤 01 执行操作后，长按拍摄按钮[◉]，直至结束，如图2-20所示。

步骤 02 录制完成后，进入视

频编辑界面，点击“特效”按钮，如图2-21所示。

图 2-20　长按相应按钮

图 2-21　点击“特效”按钮

步骤 03　进入特效界面，❶切换至“转场”选项卡；❷选择“模糊变清晰”转场，如图2-22所示。

步骤 04　拖曳时间轴至画面即将变清晰的位置，❶切换至“梦幻”选项卡；❷长按“撒金粉”特效，直至结束；❸点击“保存”按钮，如图2-23所示。

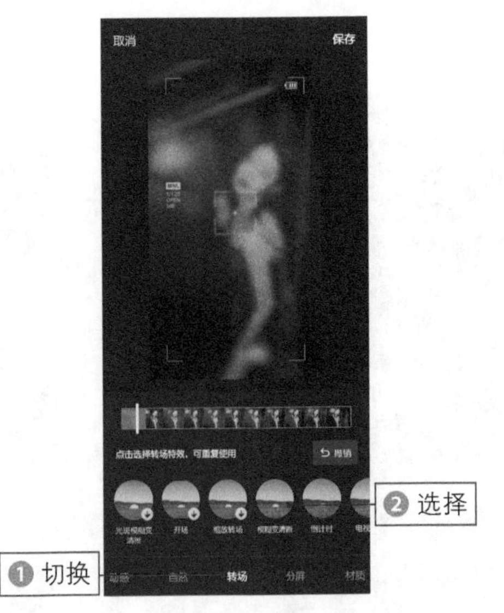

图 2-22　选择“模糊变清晰”转场

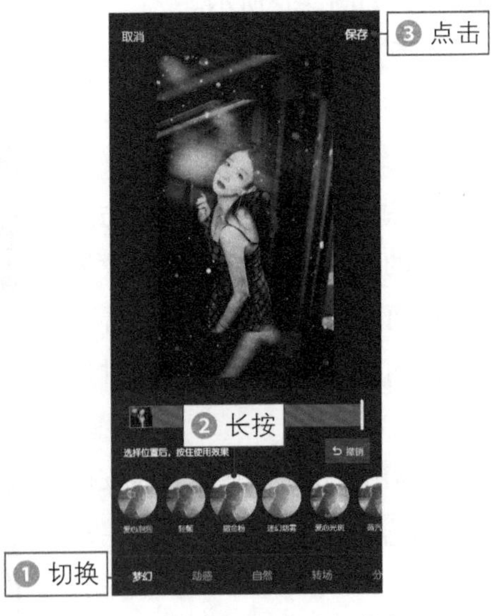

图 2-23　点击“保存”按钮

3. 选择音乐

"选择音乐"是抖音 App 的一种添加音乐的方式，用户既可以在其中添加收藏的音乐，也可以添加系统推荐的音乐。

步骤 01 执行操作后即可添加特效，点击"选择音乐"按钮，如图2-24所示。

步骤 02 进入"配乐"界面，在"推荐"选项卡中选择合适的背景音乐，如图2-25所示。

图 2-24　点击"选择音乐"按钮

图 2-25　选择背景音乐

4. 自动字幕

"自动字幕"是抖音 App 的另一种添加字幕的方式，利用它能自动识别用户添加的歌曲字幕，非常方便。

步骤 01 返回上一界面，点击∨按钮展开视频编辑工具栏，点击"自动字幕"按钮，如图2-26所示。

步骤 02 执行操作后，显示字幕识别进度，如图2-27所示。

图 2-26　点击"自动字幕"按钮

图 2-27　显示字幕识别进度

步骤03 字幕生成后，点击🅰按钮，如图2-28所示。

步骤04 进入字幕编辑界面，❶选择字体样式；❷点击Ⓐ按钮，为字幕添加黑色描边，如图2-29所示。

图 2-28 点击相应按钮

图 2-29 为字幕添加描边

步骤05 点击✓按钮，并点击“保存”按钮返回，❶调整文字的位置；❷点击“下一步”按钮，如图2-30所示。

步骤06 进入“发布”界面，点击视频缩略图，如图2-31所示。

图 2-30 点击“下一步”按钮

图 2-31 点击视频缩略图

【效果赏析】：执行操作后即可预览视频效果，如图 2-32 所示。可以看到人物从模糊变清晰，光影不停地发生变化。点击“发布”按钮，即可发布视频。

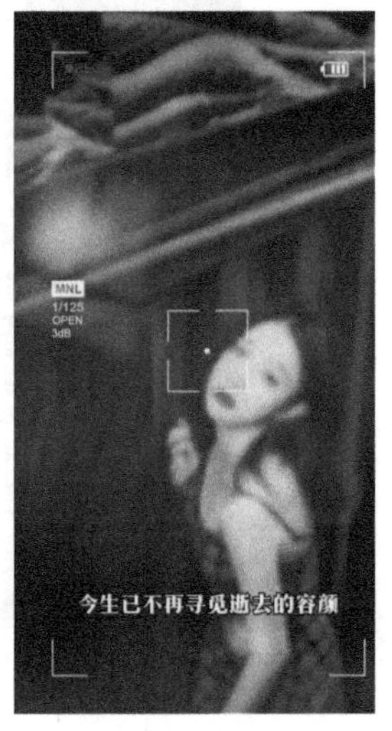

图 2-32　预览视频效果

TIPS 008 《银杏叶落》：快速去除背景

“银杏叶落”是一个非常唯美的道具，可以一键去除所添加的素材背景。下面介绍使用抖音 App 制作“银杏叶落”短视频的具体操作方法。

扫码看教程

扫码看成片效果

1. 银杏叶落道具

“银杏叶落”是抖音 App 中的一个“氛围”道具，用户可以利用这个道具轻松去除背景。

步骤 01 打开抖音App，点击[+]按钮，默认进入抖音相机的“快拍”模式，点击“道具”按钮，如图2-33所示。

步骤 02 进入道具界面，❶切换至“氛围”选项卡；❷找到并选择“银杏叶落”道具，如图2-34所示。

步骤 03 点击预览区域返回，点击拍摄按钮，直至结束，如图2-35所示。

步骤 04 点击“贴纸”按钮，选择“贴图”选项卡中的“自定义”选项，如图2-36所示。

图 2-33　点击“道具”按钮

图 2-34　选择“银杏叶落”道具

图 2-35　点击相应按钮

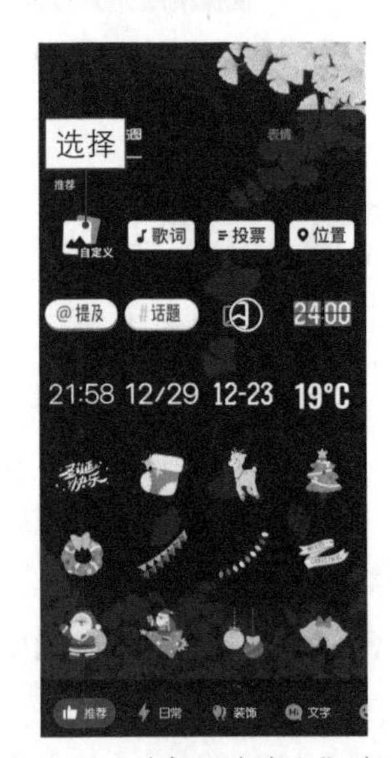

图 2-36　选择“自定义”选项

2. 去除背景

“去除背景”是“银杏叶落”这个道具最大的一个亮点，只需一键即可轻松去除背景。

步骤 01 进入“所有照片”界面，选择需要去除背景的素材，如图2-37所示。

步骤 02 ❶点击“去除背景”按钮；❷显示图片处理中，如图2-38所示。

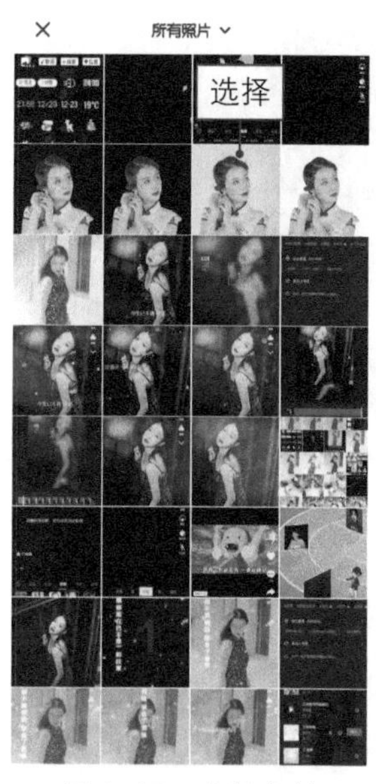

图 2-37　选择素材

图 2-38　显示图片处理中

步骤 03 处理完成后，点击“确认”按钮，如图2-39所示。

步骤 04 返回编辑界面，在预览区域可调整素材的大小和位置，如图2-40所示。

图 2-39　点击“确认”按钮

图 2-40　调整素材大小和位置

【效果赏析】：添加合适的背景音乐，依次点击“下一步”按钮和视频缩略图，即可预览视频效果，如图 2-41 所示。可以看到人物背景变成了飘落的银杏叶。

图 2-41　预览视频效果

TIPS 009 《捏脸》：纹眉大眼完美滤镜

“捏脸”是抖音 App 上非常火爆的一种短视频效果，主要带给观众一种反差感。下面介绍使用抖音 App 拍摄“捏脸”短视频的具体操作方法。

扫码看教程

扫码看成片效果

1. 固定手机

在拍摄短视频之前，要做好充分的准备，第一步就是固定手机，保证视频的稳定性。使用三脚架固定手机，打开抖音 App，调整好拍摄角度和取景位置，如图 2-42 所示。

图 2-42　固定手机

2. 捏脸道具

“捏脸”是抖音 App 的一个“热门”道具，利用它既可以把人物的脸变大，也能够变小，非常神奇有趣。

步骤 01 执行操作后，点击“道具”按钮，如图2–43所示。

步骤 02 进入道具界面，❶ 切换至“热门”选项卡；❷ 找到并选择“捏脸”道具，如图 2–44 所示。

步骤 03 点击预览区域返回，点击拍摄按钮●，开始拍摄，如图 2–45 所示。

步骤 04 执行操作后，点击“纹眉”按钮，如图 2–46 所示。

图 2–43　点击“道具”按钮

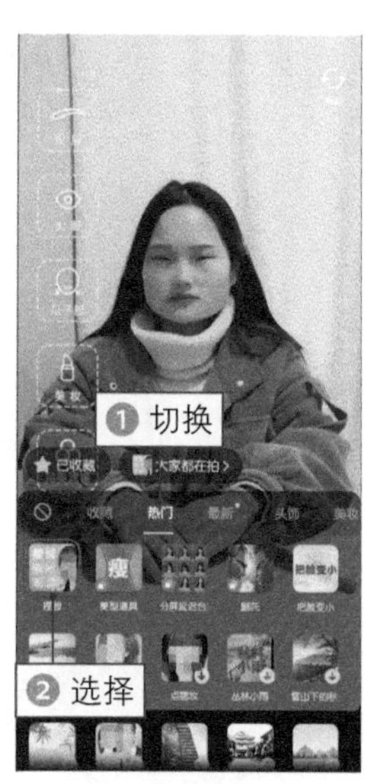

图 2–44　选择“捏脸”道具

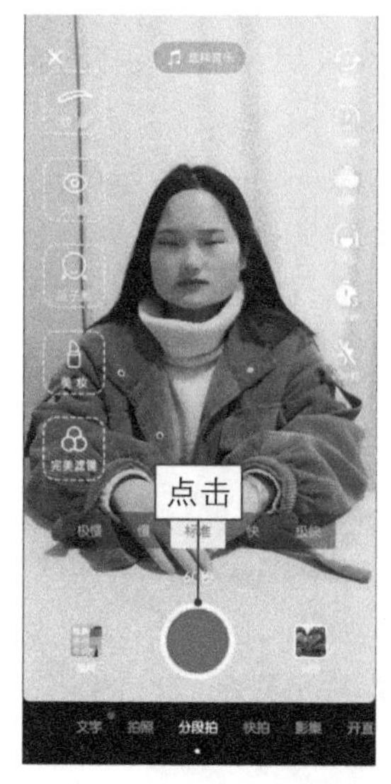

图 2–45　点击相应按钮

图 2–46　点击“纹眉”按钮

步骤 05 采用同样的操作方法，❶依次点击“大眼”“瓜子脸”“美妆”“完美滤镜”按钮；❷点击✓按钮完成拍摄，如图2–47所示。

步骤 06 执行操作后进入视频编辑界面，点击“选择音乐”按钮，如图2-48所示。

图 2-47 点击相应按钮

图 2-48 点击“选择音乐”按钮

【效果赏析】：选择并添加合适的背景音乐后，依次点击“下一步”按钮和视频缩略图，即可预览视频效果，如图 2-49 所示。可以看到，人物的脸一开始是被拉大的，依次打开右侧的开关后，人物逐渐变得更加漂亮。

图 2-49 预览视频效果

TIPS● 010

《水面倒影》：拍出天空之镜

“水面倒影”是一个让人物站在没有水的地面上也能拍出倒影的道具。下面介绍使用抖音 App 的“水面倒影”道具拍摄“天空之镜”短视频的具体操作方法。

扫码看教程

扫码看成片效果

1. 水面倒影道具

“水面倒影”是抖音 App 的一个“新奇”道具，它能够让用户轻松拍出“天空之镜”的效果。使用三脚架固定手机，调整好拍摄模式、取景位置和角度，如图 2-50 所示。

图 2-50　固定手机

步骤 01 在抖音App的拍摄界面，点击“道具”按钮，如图2-51所示。

步骤 02 切换至“新奇”选项卡，选择“水面倒影”道具，如图2-52所示。

图 2-51　点击“道具”按钮

图 2-52　选择“水面倒影”道具

2. 拍摄

拍摄“水面倒影”时，除了要有抖音 App 的道具，选择拍摄场景也非常重要，这里需要在一个空旷的场地进行拍摄，更能体现其真实性。

拍摄一段人物从远处走过的画面，如图 2-53 所示。在拍摄过程中，人物要尽量在画面中央的水平线上沿着直线行走，这样拍出来的镜像效果更佳。

图 2-53　拍摄短视频

【效果赏析】：拍完后添加合适的背景音乐，依次点击“下一步”按钮和视频缩略图，即可预览视频效果，如图 2-54 所示。可以看到，画面下方会垂直倒映上面的景象，同时还有水波荡漾的效果，让短视频作品变得非常生动且更有意境。

图 2-54　预览视频效果

TIPS● 011 《测测你的动物基因》：变脸

“测测你的动物基因”是抖音 App 的一个“测一测”道具。下面介绍使用抖音 App 拍摄“测测你的动物基因”短视频的具体操作方法。

扫码看教程

扫码看成片效果

1. 测一测

“测一测”是抖音 App 的一个道具选项卡，其中有许多好玩的测试道具。

步骤 01 在抖音App的拍摄界面中点击“道具”按钮，如图2-55所示。

步骤 02 ❶切换至“测一测”选项卡；❷选择“测测你的动物基因”道具，如图2-56所示。

图 2-55　点击“道具”按钮

图 2-56　选择相应的道具

2. 自动检测

自动检测是指用户使用抖音 App 的测一测道具时，系统会自动检测你的属性。

步骤 01 点击拍摄按钮●，开始拍摄短视频，如图2-57所示。

步骤 02 拍摄时，系统会自动检测被摄对象的动物基因，并将其变成相应的动物形象，如图2-58所示。

【效果赏析】：添加合适的背景音乐，依次点击“下一步”按钮和视频缩略图，即可预览视频效果，如图 2-59 所示。可以看到画面中的人物逐渐变成了小狗的样子。

图 2-57　点击拍摄按钮

图 2-58　自动检测

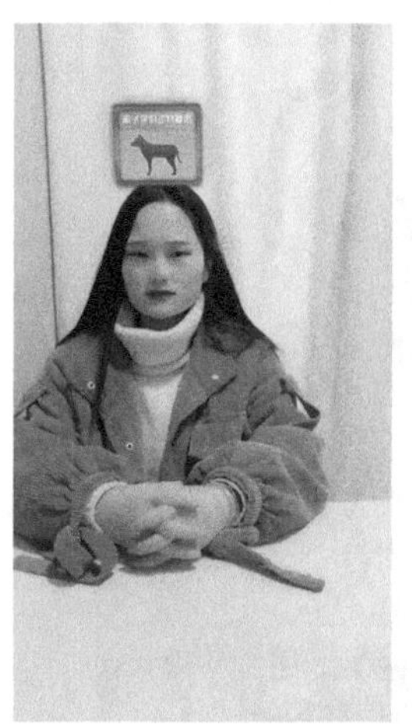
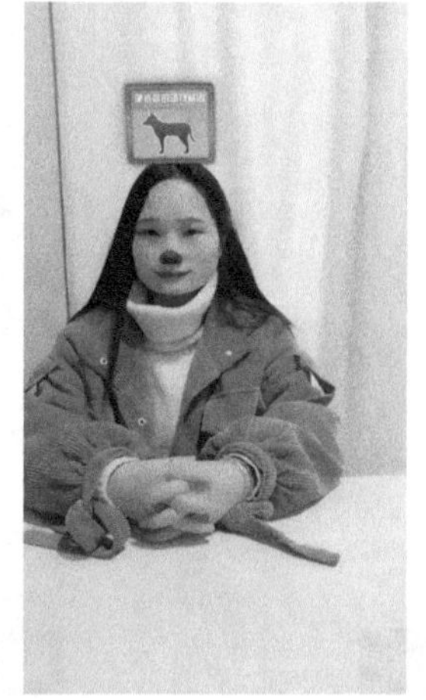

图 2-59　预览视频效果

TIPS 012 《变老》：快来看看未来的你

“变老”是抖音 App 的一个“热门”道具。下面介绍使用抖音 App 拍摄人物逐渐“变老”短视频的具体操作方法。

扫码看教程

扫码看成片效果

1. 热门

“热门”是抖音 App 的另一个道具选项卡，其中的道具都深受用户喜爱，可多尝试使用。

步骤 01 在抖音App的拍摄界面中点击“道具”按钮，如图2-60所示。

步骤 02 切换至“热门”选项卡，选择“变老”道具，如图2-61所示。

图 2-60　点击“道具”按钮

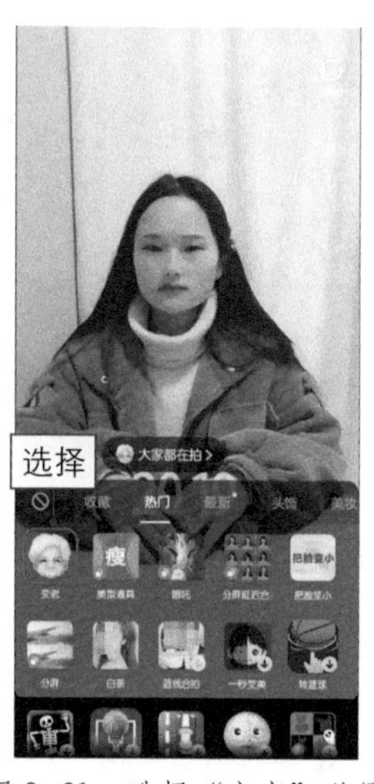

图 2-61　选择“变老”道具

2. 变老

“变老”就是抖音 App 中一个非常受欢迎的“热门”道具，这个道具能够让用户看见自己变老后的样子，非常有趣好玩。

点击拍摄按钮●，开始拍摄短视频，拍摄时，人物逐渐变老，如图 2-62 所示。

【效果赏析】：添加合适的背景音乐，依次点击“下一步”按钮和视频缩略图，即可预览视频效果，如图 2-63 所示。可以看到画面中的人物随着时间的变化，

图 2-62　拍摄短视频

头发越来越白，脸上的皱纹也越来越多。

图 2-63 预览视频效果

TIPS 013 《名画变身》：快速变成名画

“名画变身”是抖音 App 中的一个“经典”影集效果。下面介绍使用抖音 App 制作“名画变身”短视频的具体操作方法。

扫码看教程

扫码看成片效果

1. 名画变身模板

“名画变身”模板是指将自己的脸替换成名画人物的脸，非常简单，只需添加一张人物照片素材即可实现。

步骤 01 打开抖音App，进入抖音相机，切换至“影集”模式，如图2-64所示。

步骤 02 进入“影集模板”界面，❶切换至“经典”选项卡；❷选择“名画变身”模板，如图2-65所示。

步骤 03 进入模板编辑界面后，点击“选择素材”按钮，如图2-66所示。

步骤 04 进入“所有照片”界面，❶选择一张清晰的正脸照片；❷点击“确定”按钮，如图2-67所示。

图 2-64　切换至“影集”模式

图 2-65　选择模板

图 2-66　点击“选择素材”按钮

图 2-67　点击“确定”按钮

2. 删除标签

删除标签是指删除影集自带的标签，当用户使用某一个影集时，系统会自动为视频添加相应的标签，用户可选择保留它，也可将其删除。

步骤 01 执行上述操作后，显示效果生成进度，如图2-68所示。

步骤 02 稍等片刻即可生成效果，并自动添加“名画变身术”标签。如果不想添加该标签，可长按标签将其拖曳至“删除”按钮处，即可删除自动添加的标签，如图2-69所示。

图 2-68 显示效果生成进度

图 2-69 拖曳标签

【效果赏析】：依次点击“下一步”按钮和视频缩略图，即可预览视频效果，如图 2-70 所示。可以看到人物的脸部被抠出后粘贴在名画脸上，最后融合在一起实现变身。

图 2-70 预览视频效果

TIPS 014 《喜欢的歌》：碟片旋转效果

“喜欢的歌”是抖音 App 的一个“经典”影集效果。下面介绍使用抖音 App 制作“喜欢的歌”短视频的操作方法。

扫码看教程

扫码看成片效果

1. 喜欢的歌模板

“喜欢的歌”模板是指将照片做成碟片的样子并跟随音乐旋转，非常简单易学，只需一张照片就能实现。

步骤 01 打开抖音App的抖音相机，❶切换至“影集”模式；❷在“经典”选项卡中选择“喜欢的歌”模板，如图2–71所示。

步骤 02 进入模板编辑界面后，点击“选择素材”按钮，如图2–72所示。

图 2–71　选择模板

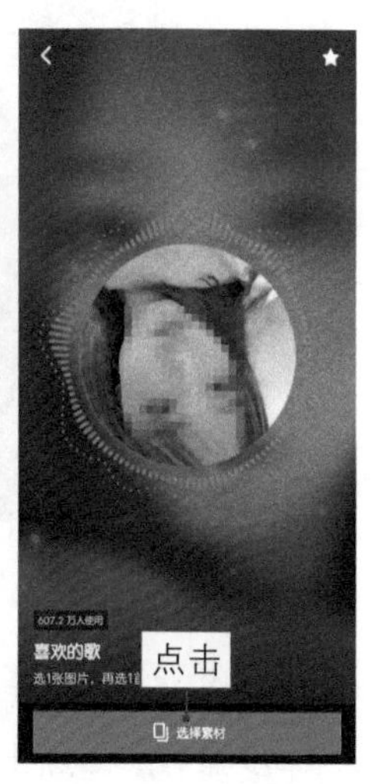

图 2–72　点击“选择素材”按钮

步骤 03 进入“所有照片”界面，❶选择一张清晰的照片；❷点击“确定”按钮，如图 2–73 所示。

步骤 04 返回视频编辑界面，点击上方的“选择音乐”按钮，如图 2–74 所示。

2. 更多音乐

“更多音乐”是添加音乐的另一种方法，用户可以自行搜索需要的音乐，让用户拥有更大的音乐选择空间。

步骤 01 进入“配乐”界面，点击“更多音乐”按钮，如图 2–75 所示。

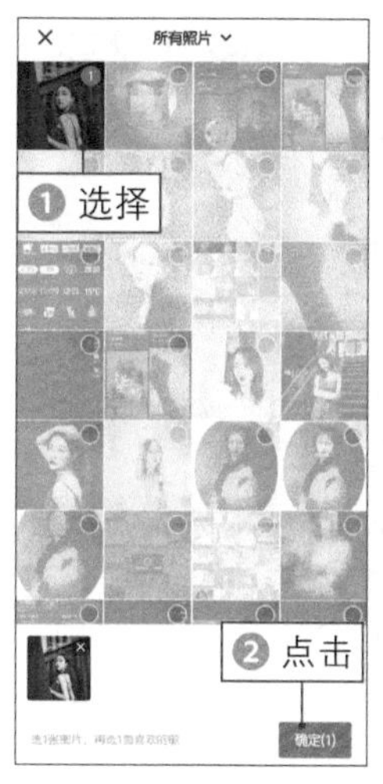

图 2–73　点击“确定”按钮

图 2–74　点击“选择音乐”按钮

步骤 02 进入“选择音乐”界面，❶在搜索栏中输入歌曲名称；❷点击“搜索”按钮，如图2-76所示。

图 2-75　点击“更多音乐”按钮

图 2-76　点击“搜索”按钮

步骤 03 ❶选择所要添加的背景音乐；❷点击“使用”按钮，如图2-77所示。

步骤 04 ❶点击“词”按钮；❷点击歌词字幕，如图2-78所示。

图 2-77　点击“使用”按钮

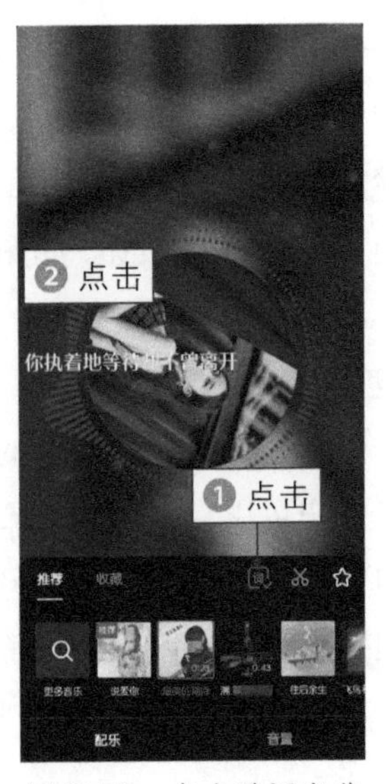

图 2-78　点击歌词字幕

3. 卡拉 OK

"卡拉 OK"是抖音 App 的一种字体样式，添加该字体样式后，歌词会随着音乐变颜色。

步骤 01 打开字体样式菜单，❶选择"卡拉OK"字体样式；❷点击颜色按钮，如图2-79所示。

步骤 02 选择合适的字体颜色，如图2-80所示。

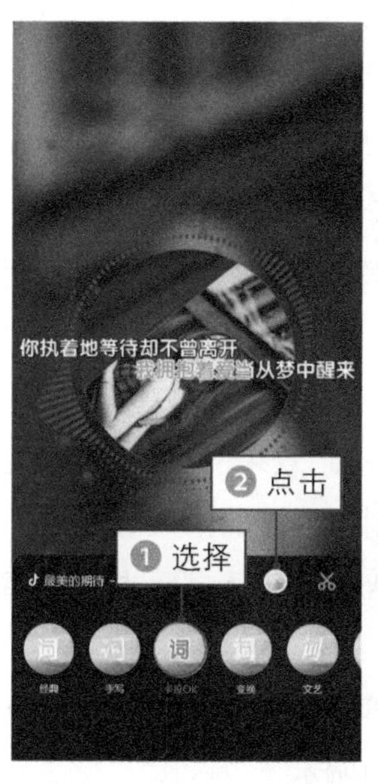

图 2-79　点击相应按钮

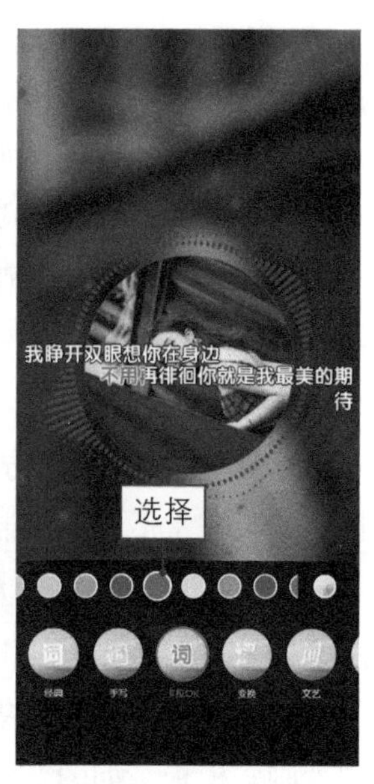

图 2-80　选择字体颜色

【效果赏析】：调整文字的位置，依次点击"下一步"按钮和视频缩略图，即可预览视频效果，如图 2-81 所示。可以看到照片像碟片一样开始旋转。

图 2-81　预览视频效果

TIPS• 015 《沙画》：轻松实现沙画效果

“沙画”也是抖音 App 中的一个“经典”影集效果。下面介绍使用抖音 App 制作“沙画”短视频的具体操作方法。

扫码看教程

扫码看成片效果

1. 沙画模板

“沙画”模板是模仿沙画效果的一个模板，让用户也能轻松制作出沙画视频，这个效果非常适合用来制作浪漫的情人节视频。

步骤 01 打开抖音App，进入抖音相机，切换至“影集”模式，如图2-82所示。

步骤 02 进入“影集模板”界面，❶切换至“经典”选项卡；❷找到并选择“沙画”模板，如图2-83所示。

图 2-82　切换至“影集”模式

图 2-83　选择“沙画”模板

步骤 03 进入模板编辑界面后，点击“选择素材”按钮，如图2-84所示。

步骤 04 进入“所有照片”界面，❶选择4张清晰的人物照片；❷点击“确定”按钮，如图2-85所示。

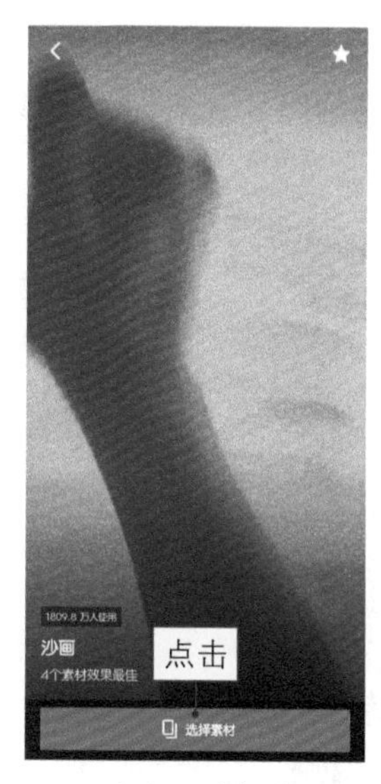

图 2-84　点击“选择素材”按钮

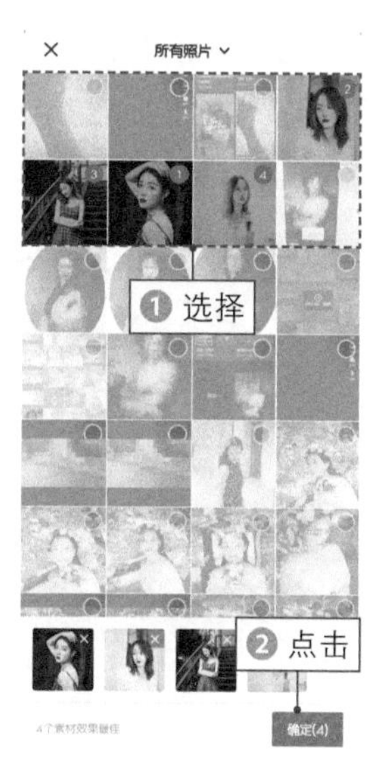

图 2-85　点击“确定”按钮

2. 更换音乐

更换音乐是指抖音 App 会自动为用户添加背景音乐，但用户也可以更换音乐，其方法与添加音乐的方法相同。

步骤 01 返回视频编辑界面，点击上方的选择音乐按钮，如图 2-86 所示。

步骤 02 进入“配乐”界面，❶切换至“收藏”选项卡；❷选择一首收藏的背景音乐；❸点击“词”按钮，即可添加歌词字幕，如图2-87所示。

图 2-86　点击选择音乐按钮

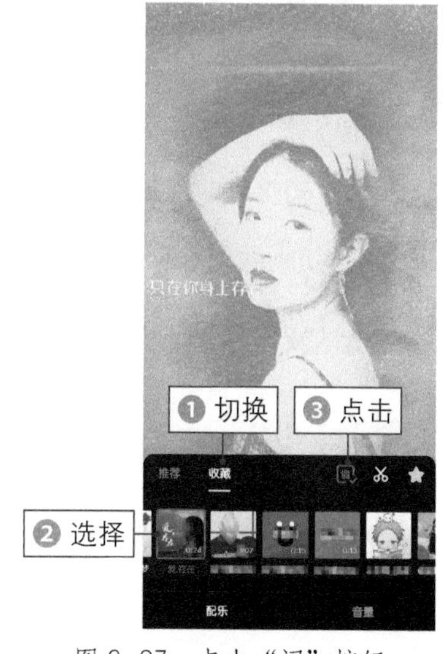

图 2-87　点击“词”按钮

【效果赏析】：调整文字的位置，依次点击“下一步”按钮和视频缩略图，即可预览视频效果，如图 2-88 所示。可以看到人物的照片逐渐变成了沙画。

图 2-88　预览视频效果

第3章

字幕效果：超好玩的后期剪辑

在刷短视频时，常常可以看到很多短视频中都添加了字幕效果，或用于歌词，或用于语音解说，让观众在短短几秒内就能看懂更多视频内容，同时这些文字还有助于观众记住发布者想要表达的信息，吸引他们点赞和关注。本章将介绍片头文字、移动文字，以及一些超好玩的后期剪辑技巧。

TIPS• 016

片头文字：电影镂空字幕

扫码看教程

扫码看成片效果

这里的片头文字是指镂空文字，它与电影的片头相似，先出现短视频的画面，接着黑幕落下，再出现文字。下面介绍使用剪映 App 制作片头文字的操作方法。

1. 素材库

剪映 App 不仅是一个剪辑软件，它自身还提供了丰富的素材，所以将其称为“素材库”，里面的素材也都是短视频中经常用到的一些素材，非常方便用户添加使用。

步骤 01 打开剪映 App，点击“开始创作”按钮，如图 3–1 所示。

步骤 02 进入“照片视频”界面，切换至“素材库”选项卡，如图 3–2 所示。

步骤 03 进入“素材库”界面，❶ 在“黑白场”选项卡中选择一个剪映系统自带的黑色背景素材；❷ 点击“添加”按钮，如图 3–3 所示。

步骤 04 返回视频编辑界面，点击一级工具栏中的“文字”按钮，如图 3–4 所示。

图 3–1 点击“开始创作”按钮

图 3–2 切换至“素材库”选项卡

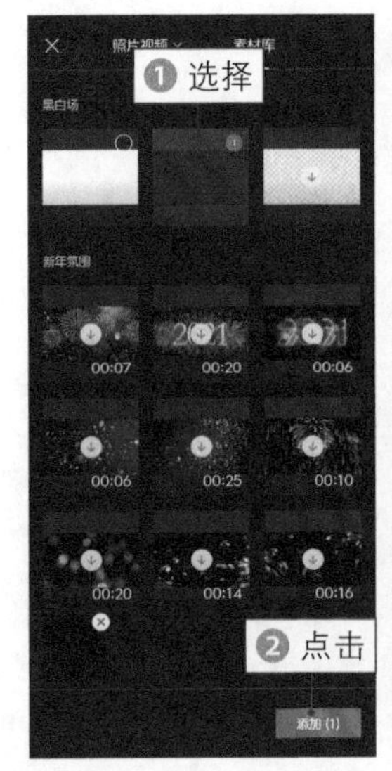

图 3–3 点击“添加”按钮

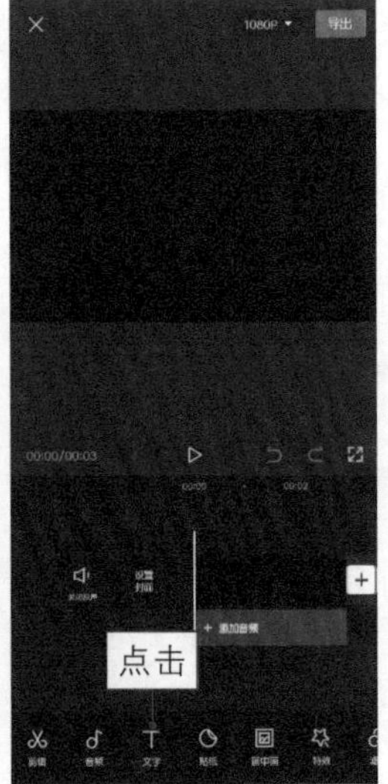

图 3–4 点击“文字”按钮

2. 新建文本

“新建文本”是剪映 App 中最常用的一种添加字幕的方式，操作非常简单。

步骤 01 打开“文字”二级工具栏，点击“新建文本”按钮，如图3–5所示。

步骤 02 在文本框中输入符合短视频主题的文字内容，如图3–6所示。

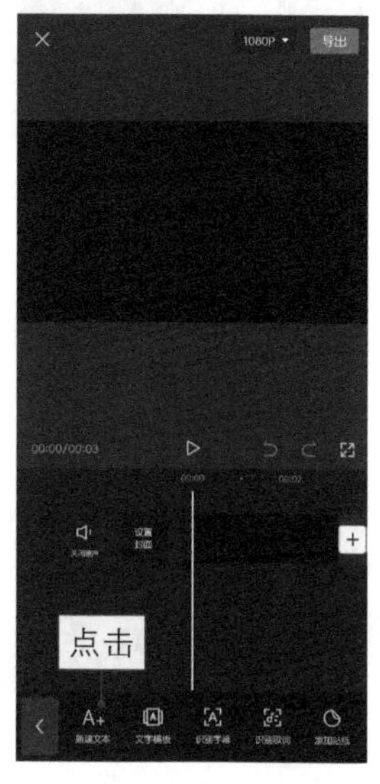

图 3–5　点击“新建文本”按钮

图 3–6　输入文字内容

步骤 03 执行操作后，❶ 选择合适的字体样式；❷ 双指在预览区域放大文字；❸ 点击“导出”按钮，导出作为文字素材，如图 3–7 所示。

步骤 04 执行操作后，显示导出进度，如图3–8所示。

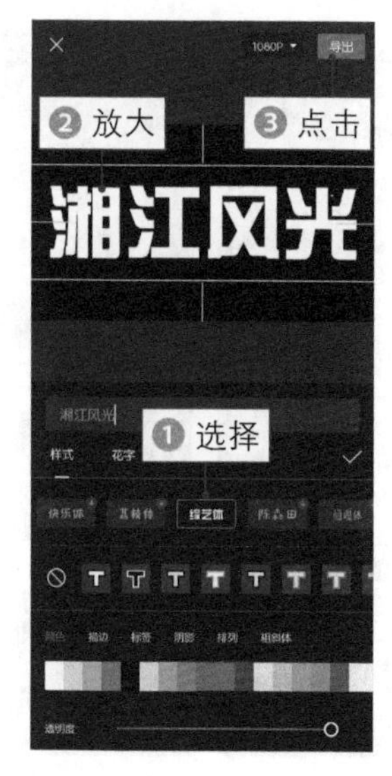

图 3–7　点击“导出”按钮

图 3–8　显示导出进度

步骤 05 导出完成后，点击 < 按钮，如图3–9所示。

步骤 06 返回主界面，点击“开始创作”按钮，如图3-10所示。

图 3-9 点击相应按钮

图 3-10 点击“开始创作”按钮

3. 蒙版

“蒙版”简单来说就是蒙在视频画面上的板子，能够改变画面的画幅。剪映App 提供了许多蒙版形状，用户可根据需求选择合适的蒙版。

步骤 01 进入“照片视频”界面，❶ 选择一段素材；❷ 点击“添加”按钮，如图 3-11 所示。

步骤 02 导入素材，❶选择视频轨道；❷点击◇按钮，如图3-12所示。

步骤 03 ❶执行操作后添加一个关键帧；❷点击工具栏中的“蒙版”按钮，如图3-13所示。

步骤 04 进入“蒙版”界面，选择“镜面”蒙版，如图3-14所示。

图 3-11 点击“添加”按钮

图 3-12 点击相应按钮

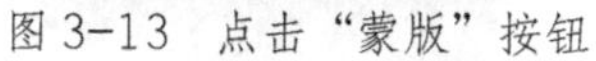
图 3-13　点击“蒙版”按钮

图 3-14　选择“镜面”蒙版

步骤 05 双指在预览区域放大蒙版，使其离开画面，如图3-15所示。

步骤 06 ❶拖曳时间轴至1秒位置；❷双指在预览区域缩小蒙版，并将其拖曳至画面下方，如图3-16所示。

图 3-15　放大蒙版

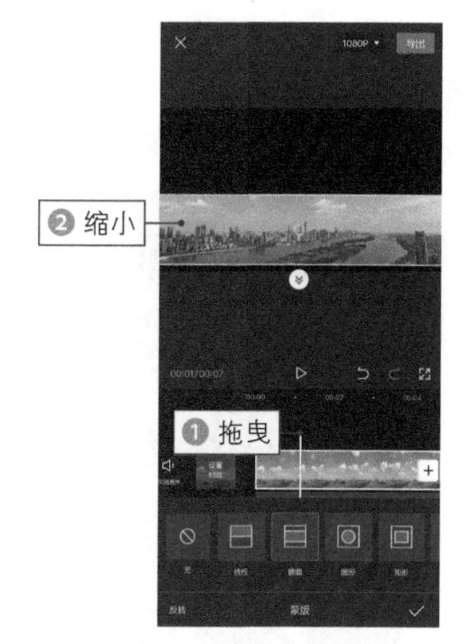

图 3-16　缩小蒙版

4. 画中画

“画中画”是指视频画面与视频画面之间的叠加，两个或多个视频画面同时在一个画框中呈现。

步骤 01 点击✓按钮添加蒙版，自动生成关键帧，返回视频编辑界面，点击“画中画”按钮，如图3-17所示。

步骤 02 点击“新增画中画”按钮，如图3-18所示。

图 3-17 点击“画中画”按钮

图 3-18 点击“新增画中画”按钮

步骤 03 进入“照片视频”界面，❶选择刚刚导出的文字素材；❷点击“添加”按钮，如图3-19所示。

步骤 04 点击工具栏中的“编辑”按钮，如图3-20所示。

图 3-19 点击“添加”按钮

图 3-20 点击“编辑”按钮

5. 裁剪

"裁剪"功能能够改变视频画面的画幅，裁剪掉不需要的画面。

步骤 01 进入编辑界面，点击"裁剪"按钮，如图3–21所示。

步骤 02 进入"裁剪"界面，适当裁剪文字素材下方的黑色背景，如图3–22所示。

步骤 03 点击✓按钮返回，在预览区域调整文字素材的位置和大小，并将其拖曳至上方黑色幕布的位置，如图3–23所示。

步骤 04 返回上一级界面，点击"新增画中画"按钮，再次导入视频素材，如图3–24所示。

图 3–21　点击"裁剪"按钮

图 3–22　裁剪文字素材

图 3–23　调整文字素材的位置和大小

图 3–24　再次导入视频素材

6. 混合模式

"混合模式"是指当两个视频画面叠加在一起时，让两个画面融合在一起的方式。

步骤 01 ❶在预览区域调整素材的画面大小，使其放大至全屏；❷点击“混合模式”按钮，如图3-25所示。

步骤 02 打开“混合模式”菜单，选择“变暗”选项，如图3-26所示。

图 3-25 点击“混合模式”按钮

图 3-26 选择“变暗”选项

7. 音频

“音频”是短视频中必不可少的一个元素，选择一段好的背景音乐能够让作品不费吹灰之力就能登上热搜。

步骤 01 点击✓按钮返回，❶拖曳时间轴至文字素材的结束位置；❷选择视频轨道；❸拖曳视频轨道右侧的白色拉杆，调整视频轨道的时长，使其与文字素材对齐，如图3-27所示。

步骤 02 采用同样的操作方法，调整另一段画中画轨道的时长，❶拖曳时间轴至起始位置；❷点击“音频”按钮，如图3-28所示。

图 3-27 调整视频轨道的时长

图 3-28 点击“音频”按钮

步骤 03 进入"音频"二级工具栏，点击"音乐"按钮，如图 3-29 所示。

步骤 04 进入"添加音乐"界面，❶ 切换至"抖音收藏"选项卡；❷ 选择合适的背景音乐；❸ 点击"使用"按钮，如图 3-30 所示。

步骤 05 执行操作后即可添加音频，❶ 拖曳时间轴至视频的结束位置；❷ 选择音频轨道；❸ 点击"分割"按钮，如图 3-31 所示。

步骤 06 ❶ 选择多余的音频轨道；❷ 点击"删除"按钮，如图 3-32 所示。

图 3-29　点击"音乐"按钮

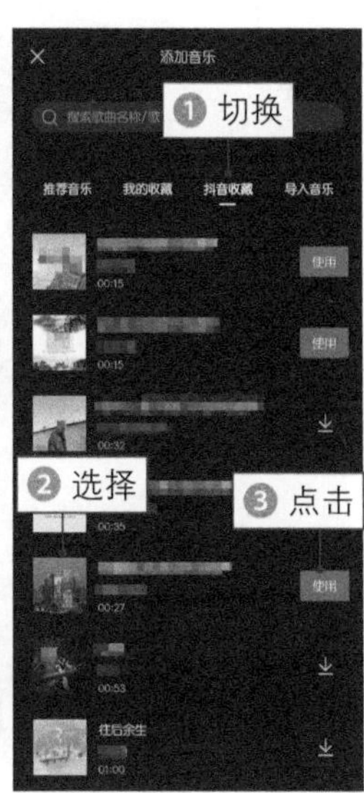

图 3-30　点击"使用"按钮

图 3-31　点击"分割"按钮

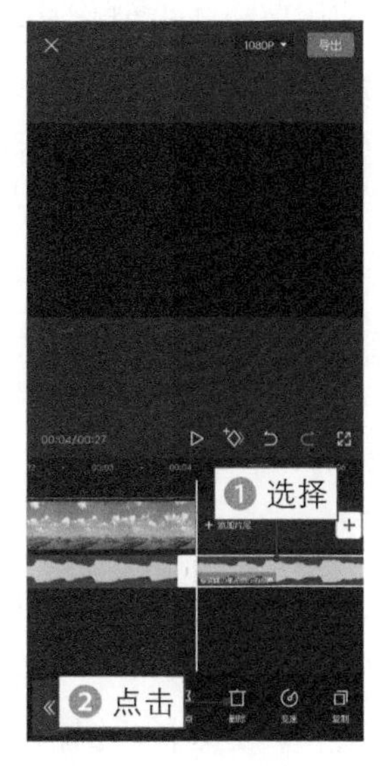

图 3-32　点击"删除"按钮

【效果赏析】：点击"导出"按钮，即可导出并播放预览视频，效果如图 3-33 所示。可以看到，黑色幕布从上方缓缓滑下，紧接着出现了镂空的片头文字。

图 3-33　预览视频效果

TIPS 017 移动文字：缩小移动字幕

移动文字一般作为片头字幕出现，文字首先通过“缩小”动画进入画面，接着从画面的中间位置移动到右下角。下面介绍使用剪映 App 制作移动文字的操作方法。

扫码看教程　扫码看成片效果

1. 缩小动画

“缩小”动画是文字动画的一种，它能够一键让文字从大变小，非常容易操作。

步骤 01 在剪映App中导入一段素材，点击“文字”按钮，如图3-34所示。

步骤 02 打开“文字”二级工具栏，点击“新建文本”按钮，如图 3-35 所示。

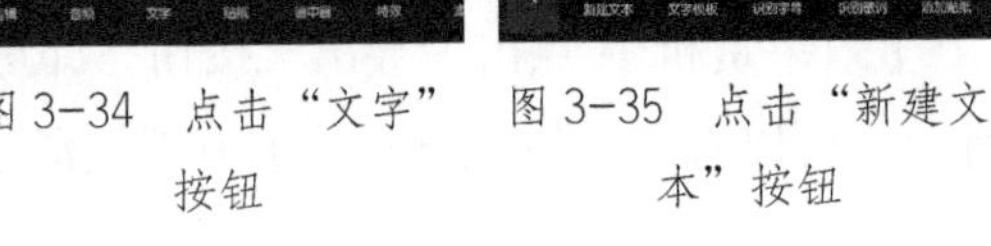

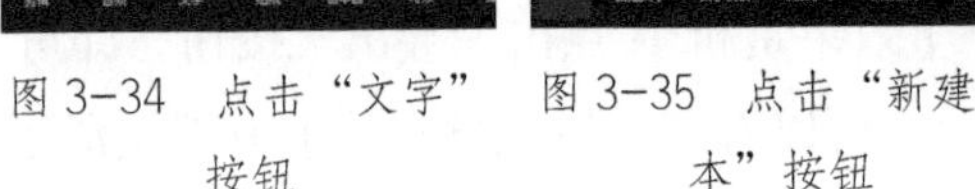

图 3-34　点击“文字”按钮　图 3-35　点击“新建文本”按钮

步骤 03 ❶ 在文本框中输入符合短视频主题的文字内容；❷ 选择合适的字体样式；❸ 点击“排列”按钮，如图 3-36 所示。

步骤 04 ❶ 在“排列”选项卡中选择合适的排列方式；❷ 点击“动画”按钮，如图 3-37 所示。

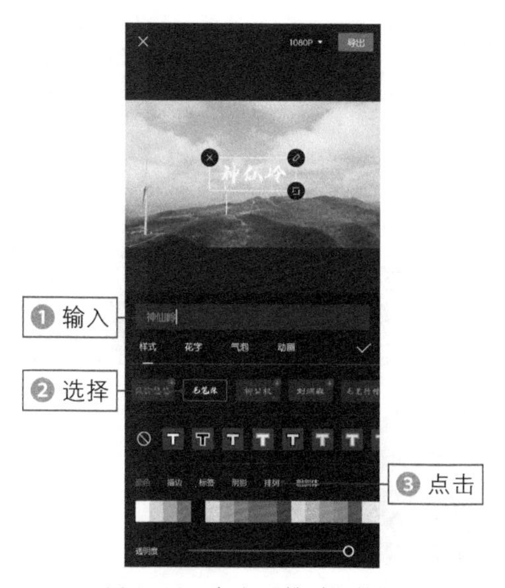

图 3-36　点击“排列”按钮

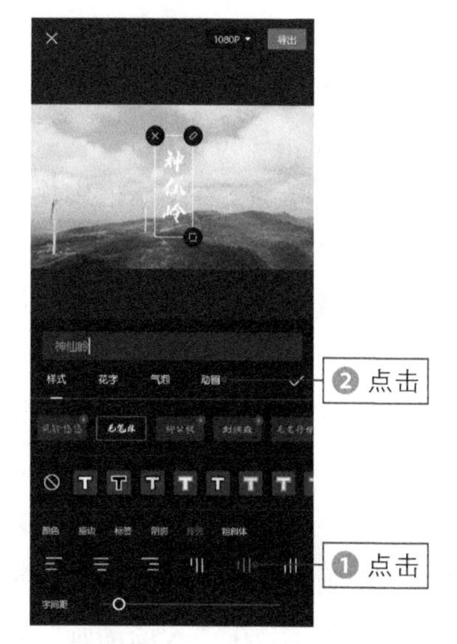

图 3-37　点击“动画”按钮

步骤 05 ① 在“入场动画”选项卡中选择“缩小”动画效果；② 拖曳滑块，调整动画的持续时长，将其时长设置为 1.5s，如图 3-38 所示。

步骤 06 点击按钮添加动画效果，① 拖曳时间轴至“缩小”动画效果的结束位置；② 点击按钮，如图 3-39 所示。

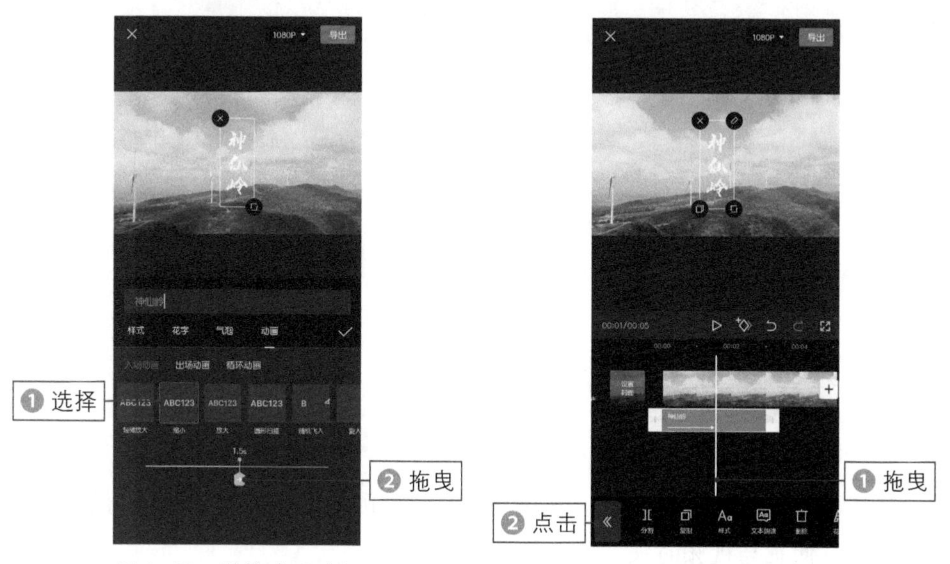

图 3-38　调整动画时长　　图 3-39　点击相应按钮

2. 气泡

“气泡”能够美化文字，剪映 App 提供了非常多的气泡样式，用户可根据需要添加合适的气泡样式。

步骤01 再次点击“新建文本”按钮，如图3-40所示。

步骤02 ❶在文本框中输入符合短视频主题的文字内容；❷在预览区域缩小文本框，并将其拖曳至第一个文本框的右下角；❸点击“气泡”按钮，如图3-41所示。

步骤03 ❶在“气泡”选项卡中选择一个合适的气泡样式；❷点击“动画”按钮，如图3-42所示。

步骤04 在“入场动画”选项卡中选择“渐显”动画效果，如图3-43所示。

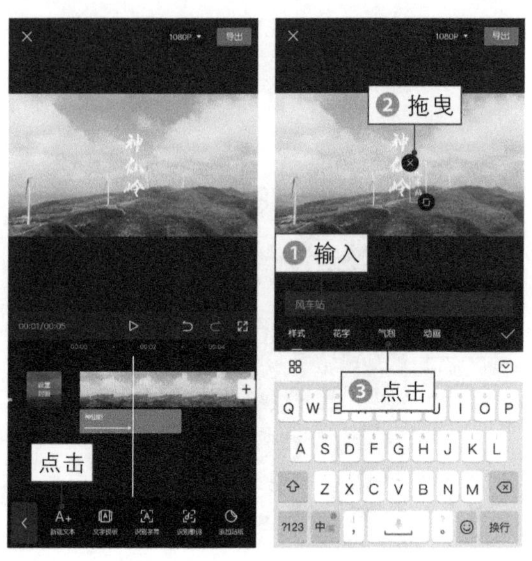

图3-40 点击“新建文本”按钮　图3-41 点击“气泡”按钮

图3-42 点击“动画”按钮

图3-43 选择“渐显”动画效果

步骤05 点击✓按钮返回，拖曳文字轨道右侧的白色拉杆，调整两条文字轨道的时长，使其与视频时长一致，如图3-44所示。

步骤06 ❶拖曳时间轴至第2条文字轨道的动画结束位置；❷点击◇按钮，添加一个关键帧，如图3-45所示。

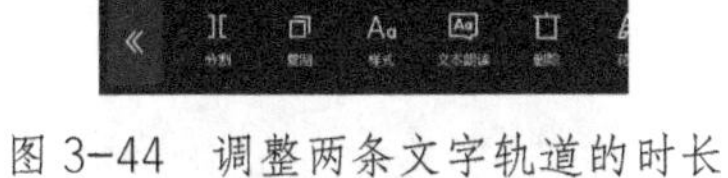

图 3-44　调整两条文字轨道的时长

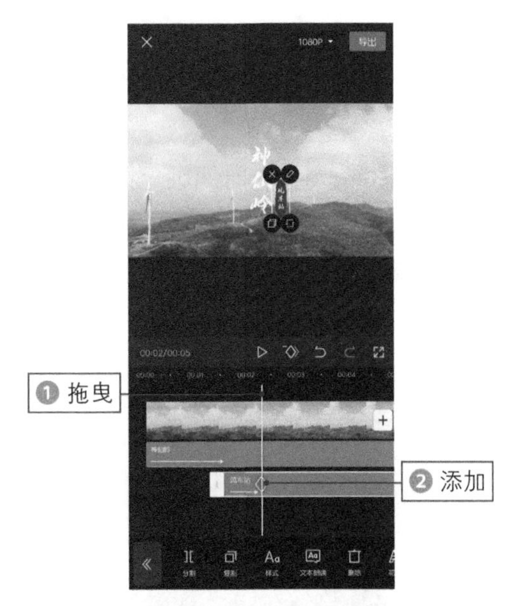

图 3-45　添加关键帧

步骤 07 ❶选择第一条文字轨道，也为其添加一个关键帧；❷拖曳时间轴至需要文字结束的位置，如图3-46所示。

步骤 08 ❶在预览区域缩小两个文本框，并将其拖曳至右下角；❷自动生成关键帧，如图3-47所示。

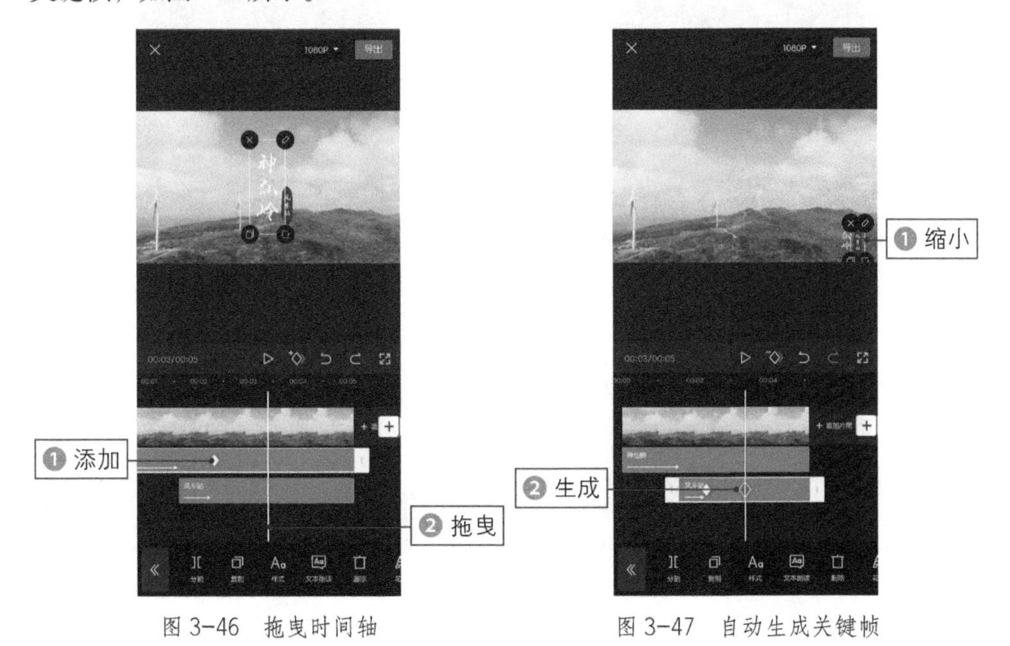

图 3-46　拖曳时间轴　　　　图 3-47　自动生成关键帧

3. 音效

“音效”中有很多不同类型的选项卡，可以满足大多数短视频中所需要的音效，内容丰富多样。

步骤 01 ❶拖曳时间轴至第2条文字轨道的起始位置；❷依次点击“音频”按钮和“音效”按钮，如图3–48所示。

步骤 02 ❶切换至“转场”选项卡；❷选择“‘咻’2”音效；❸点击“使用”按钮，如图3–49所示。

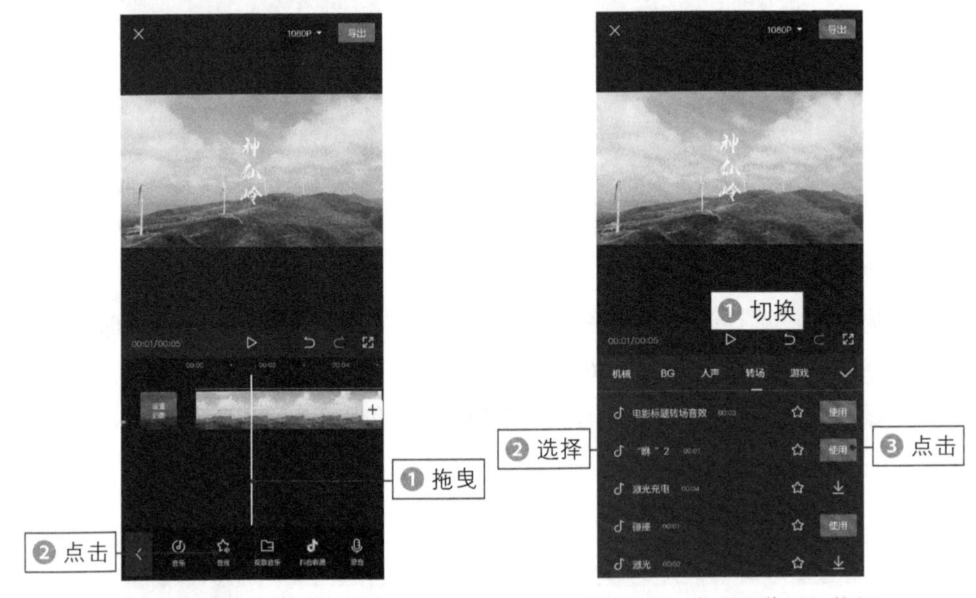

图 3–48　点击“音效”按钮　　　　图 3–49　点击“使用”按钮

【效果赏析】：点击“导出”按钮，即可导出并播放预览视频，效果如图 3–50 所示。可以看到，文字首先出现在画面中间，然后移动到画面右下角。

图 3–50　预览视频效果

TIPS 018 旋转文字：灵动歌词字幕

扫码看教程

扫码看成片效果

旋转文字一般来作歌词字幕，文字通过旋转进入画面，十分灵动有趣。下面介绍使用剪映 App 制作旋转文字的操作方法。

1. 比例

“比例”能够改变视频的画幅，用户可以根据短视频的需要选择合适的比例，让短视频呈现出更好的效果。

步骤 01 在剪映 App 中导入一段素材，并添加合适的背景音乐，点击“比例”按钮，如图 3-51 所示。

步骤 02 选择9：16选项，如图3-52所示。

图 3-51　点击“比例”按钮

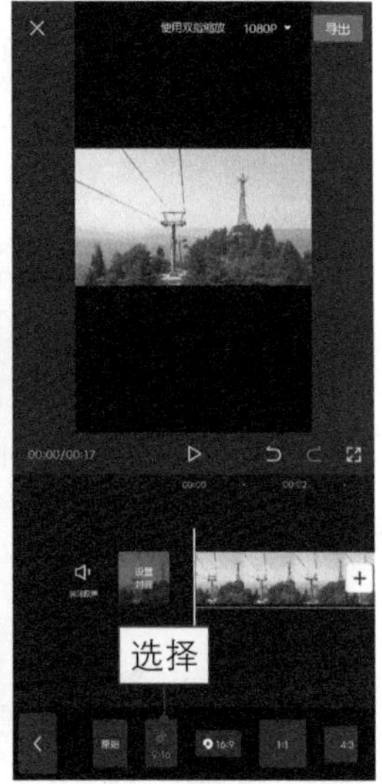

图 3-52　选择 9：16 选项

2. 背景

“背景”是指视频画面被改变比例后，原本没有视频画面的地方。剪映 App 中共有画布颜色、画布样式和画布模糊 3 种填充背景的方法。

步骤 01 点击 < 按钮返回，依次点击“背景”按钮和“画布模糊”按钮，如图3-53所示。

步骤 02 进入“画布模糊”界面，选择第 3 个模糊效果，如图 3-54 所示。

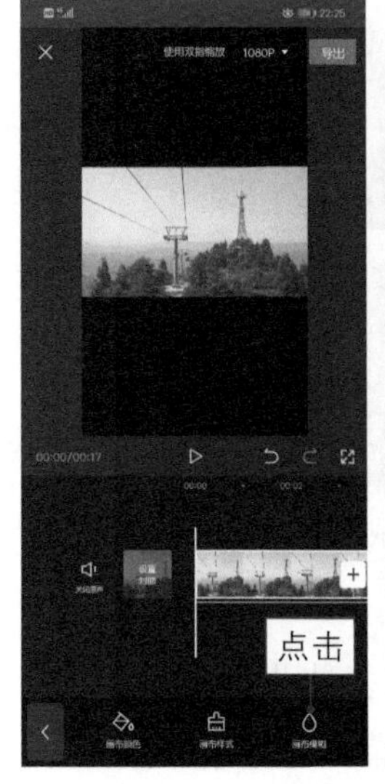

图 3-53　点击“画布模糊”按钮　图 3-54　选择模糊效果

3. 识别歌词

“识别歌词”是剪映 App 中一种非常方便的添加字幕的方式，只要用户添加中文歌曲，一键即可为短视频添加字幕。

步骤 01 点击✓按钮返回，依次点击“文字”按钮和“识别歌词”按钮，如图 3-55 所示。

步骤 02 执行操作后，❶ 弹出“识别歌词”对话框；❷ 点击“开始识别”按钮，如图 3-56 所示。

步骤 03 稍等一会儿，即可自动生成歌词字幕，如图 3-57 所示。

步骤 04 ❶ 选择歌词字幕轨道；❷ 点击“样式”按钮，如图 3-58 所示。

图 3-55 点击“识别歌词”按钮

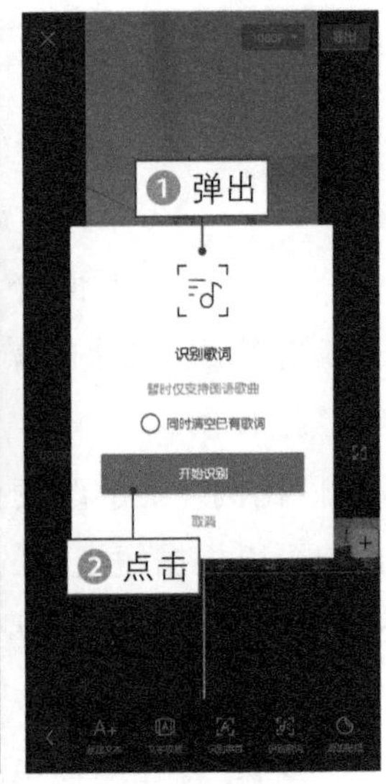

图 3-56 点击“开始识别”按钮

图 3-57 生成歌词字幕

图 3-58 点击“样式”按钮

4. 花字

剪映 App 中有很多种花字样式，用户可根据短视频的内容选择合适的花字样式，让短视频的字幕更有特色。

步骤 01 ❶ 在预览区域调整歌词字幕的大小；❷ 切换至“花字”选项卡；

❸ 选择一个合适的花字样式，如图 3-59 所示。

步骤 02 点击✓按钮返回，点击工具栏中的“动画”按钮，如图3-60所示。

5. 旋转飞入

“旋转飞入”是一种文字入场动画，使文字进入画面时更加流畅自然。

步骤 01 ❶在“入场动画”选项卡中选择“旋转飞入”动画效果；❷拖曳按钮，调整动画的持续时长，将其拖曳至最右侧，如图3-61所示。

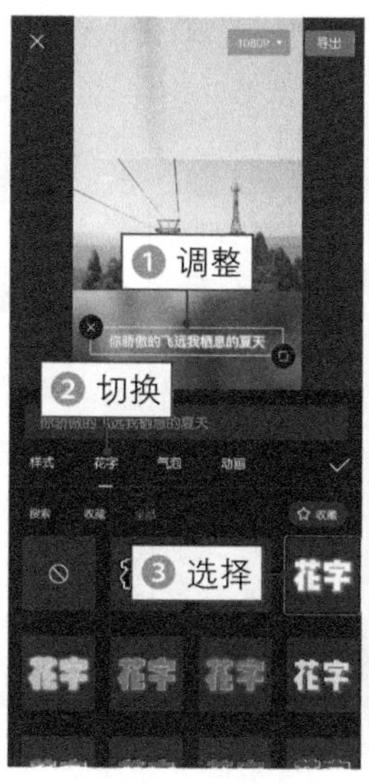

图 3-59　选择花字样式

图 3-60　点击“动画”按钮

步骤 02 点击✓按钮返回，采用同样的操作方法，为其余歌词字幕添加动画效果，如图3-62所示。

图 3-61　调整动画时长

图 3-62　为其余歌词添加动画效果

【效果赏析】：点击“导出”按钮，导出并播放预览视频，效果如图3-63所示。可以看到文字旋转飞入画面。

图 3-63　预览视频效果

TIPS
019

彩色划过：黑白彩色对比

扫码看教程

扫码看成片效果

彩色划过是指画面呈黑白色调，通过镜面蒙版制作一条滑块，滑块划过的地方便是彩色的。下面介绍使用剪映 App 制作彩色划过短视频的操作方法。

1. 滤镜

短视频的画面色彩是影响整体画面的一个非常重要的元素，可以通过“滤镜”来营造自己需要的色彩感。

步骤 01 在剪映 App 中导入一段素材，❶选择视频轨道；❷点击下方工具栏中的“滤镜”按钮，如图 3-64 所示。

图 3-64　点击“滤镜”按钮

图 3-65　选择“褪色”滤镜

步骤 02 进入“滤镜”界面，

❶ 切换至“风格化”选项卡；❷ 选择“褪色”滤镜，如图 3-65 所示。

2. 新增画中画

“新增画中画”是增加画中画轨道的一种方式，用户添加画中画轨道的上限是 6 条，足以满足用户对剪辑的要求。

步骤 01 点击✓按钮返回，依次点击“画中画”按钮和“新增画中画”按钮，如图3-66所示。

步骤 02 再次导入素材，❶在预览区域调整画中画素材的画面大小，使其放大至全屏；❷点击“蒙版”按钮，如图3-67所示。

图 3-66　点击“新增画中画”按钮

图 6-67　点击“蒙版”按钮

3. 旋转蒙版

旋转蒙版是指用户添加了蒙版后，可根据短视频的需要旋转蒙版的角度。

步骤 01 进入“蒙版”界面，❶选择“镜面”蒙版；❷在预览区域将蒙版旋转至30°，如图3-68所示。

步骤 02 执行操作后，将蒙版缩小并拖曳至右上角，如图3-69所示。

图 3-68　旋转蒙版

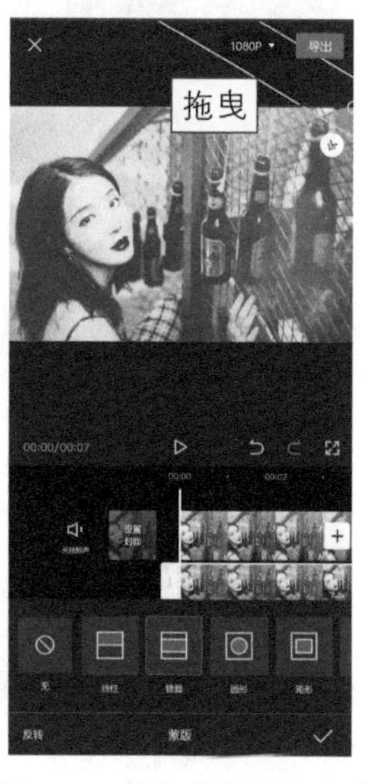

图 3-69　拖曳蒙版至右上角

步骤03 点击✓按钮返回，点击◇按钮，如图3-70所示。

步骤04 添加一个关键帧，❶拖曳时间轴至3秒位置；❷点击“蒙版”按钮，如图3-71所示。

图 3-70 点击相应按钮

图 3-71 点击“蒙版”按钮

步骤05 在预览区域将蒙版拖曳至左下角，如图3-72所示。

步骤06 ❶拖曳时间轴至结束位置；❷在预览区域再次将蒙版拖曳至右上角，如图3-73所示。

图 3-72 拖曳蒙版至左下角

图 3-73 拖曳蒙版至右上角

【效果赏析】：点击“导出”按钮，即可导出并播放预览视频，效果如图 3–74 所示。可以看到，画面中只有滑块划过的地方是彩色的，其他地方都是黑白色调。

图 3–74　预览视频效果

对比效果：原图与效果图

对比效果是通过线性蒙版让原图与效果图形成对比的一种短视频。下面介绍使用剪映 App 制作对比效果短视频的操作方法。

扫码看教程

扫码看成片效果

1. 放大画面

放大画面是指用户添加画中画后，画中画的画面都会被缩小，所以用户需要自行在预览区域放大画面。

步骤 01　在剪映App中导入一段没有调色的素材，依次点击“画中画”按钮和“新增画中画”按钮，如图3–75所示。

步骤 02　导入调色后的素材，❶在预览区域调整画中画素材的画面大小，使其放大至全屏；❷点击按钮；❸点击“蒙版”按钮，如图3-76所示。

图 3-75　点击“新增画中画”按钮

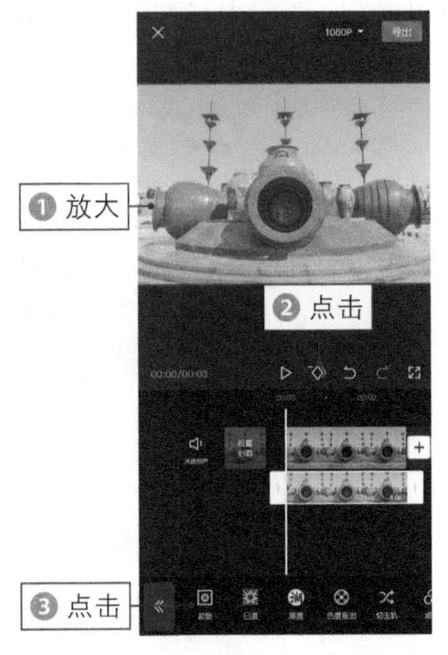

图 3-76　点击“蒙版”按钮

2. 拖曳蒙版

拖曳蒙版是指根据短视频的需要，可以改变蒙版的位置，以此来改变画中画视频与原视频的画面显示比例。

步骤 01 进入“蒙版”界面，❶选择“线性”蒙版；❷在预览区域将蒙版旋转至-90°，如图3-77所示。

步骤 02 ❶在预览区域将蒙版拖曳至画面的最左侧；❷拖曳时间轴至2秒位置，如图3-78所示。

步骤 03 在预览区域将蒙版拖曳至画面的最右侧，如图3-79所示。

步骤 04 点击按钮返回，添加合适的背景音乐，如图3-80所示。

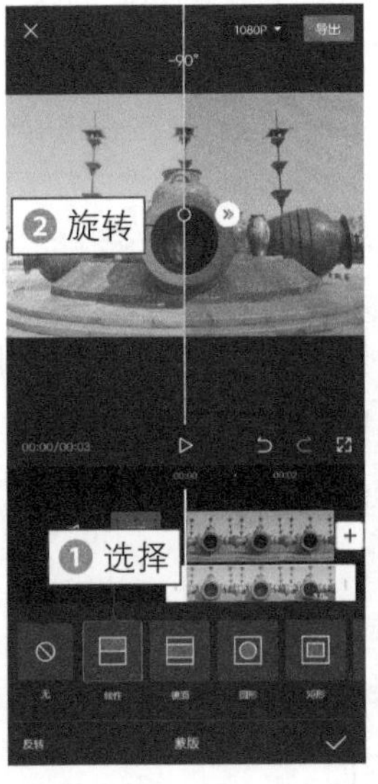

图 3-77　旋转蒙版

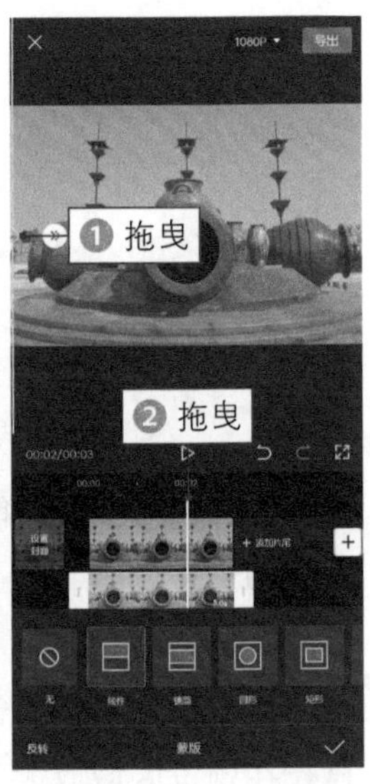

图 3-78　拖曳时间轴

图 3-79　拖曳蒙版

图 3-80　添加背景音乐

【效果赏析】：点击“导出”按钮，导出并播放预览视频，效果如图 3-81 所示。可以看到画面从左到右逐渐变成调色后的效果。

图 3-81　预览视频效果

TIPS• 021 双重曝光：实现虚实结合

双重曝光通过调节素材的不透明度来实现。下面介绍使用剪映 App 制作双重曝光短视频的操作方法。

扫码看教程

扫码看成片效果

1. 不透明度

“不透明度”简而言之就是不透明的程度，不透明度越高，画面越真实；不透明度越低，画面越透明。

步骤 01 在剪映App中导入一段素材，❶拖曳视频轨道右侧的白色拉杆，将其时长设置为6秒；❷点击“复制”按钮，如图3-82所示。

图 3-82 点击“复制”按钮

步骤 02 点击 按钮返回，点击“画中画”按钮，如图3-83所示。

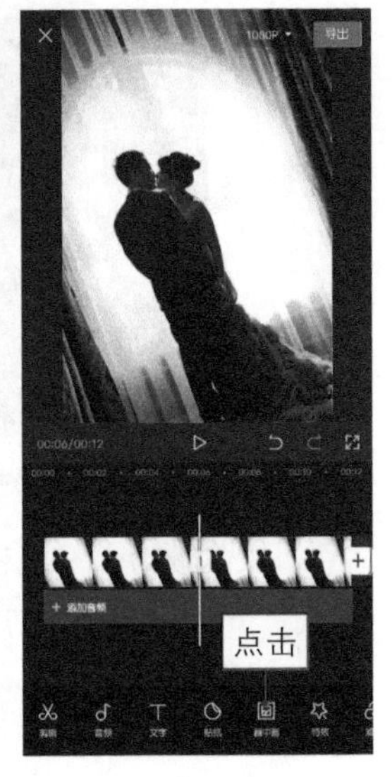

图 3-83 点击“画中画”按钮

步骤 03 ❶选择复制的视频轨道；❷点击“切画中画”按钮，如图3-84所示。

步骤 04 长按画中画轨道并将其拖曳至起始位置，❶选择画中画轨道；❷点击“不透明度”按钮，如图3-85所示。

图 3-84 点击“切画中画”按钮

图 3-85 点击“不透明度”按钮

步骤 05 进入“不透明度”界面，拖曳白色圆环滑块，将其不透明度参数设置为40，如图3-86所示。

步骤 06 点击 按钮返回，在预览区域调整画中画素材的位置和大小，如图3–87所示。

图 3–86　设置不透明度参数

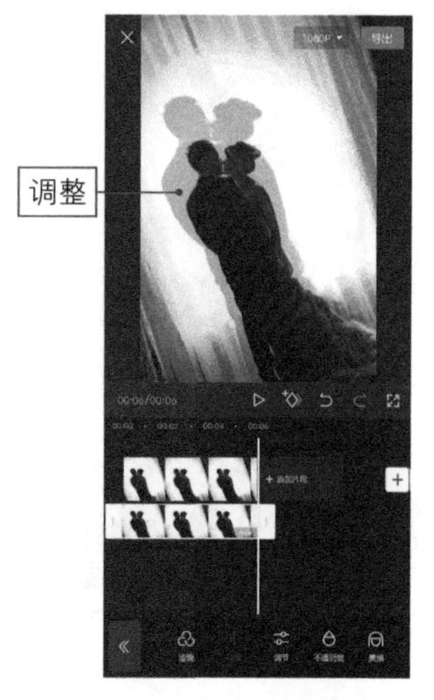

图 3–87　调整素材的位置和大小

2. 特效

剪映 App 提供了丰富多样的特效，几乎可以满足用户所有的特效需求，在短视频中添加特效也能让短视频的视觉体验效果更好。

步骤 01　点击《按钮返回，❶ 拖曳时间轴至起始位置；❷ 点击“特效”按钮，如图 3–88 所示。

步骤 02　进入特效界面，点击“基础”按钮，如图 3–89 所示。

步骤 03　在“基础”选项卡中选择“变清晰”特效，如图 3–90 所示。

步骤 04　点击✓按钮添加特效，拖曳特效轨道右侧的白色拉杆，将其时长设置为1秒，如图3–91所示。

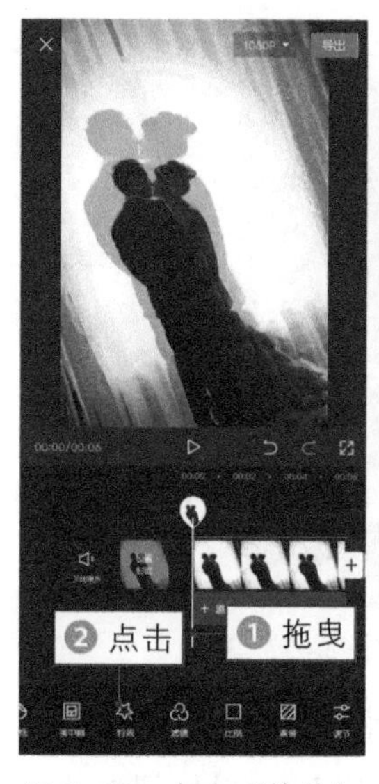

图 3–88　点击“特效”按钮

图 3–89　点击“基础”按钮

图 3-90 选择“变清晰”特效

图 3-91 设置特效时长

步骤 05 点击《按钮返回，点击“新增特效”按钮，如图3-92所示。

步骤 06 ❶切换至“氛围”选项卡；❷选择“金粉聚拢”特效，如图3-93所示。

图 3-92 点击“新增特效”按钮

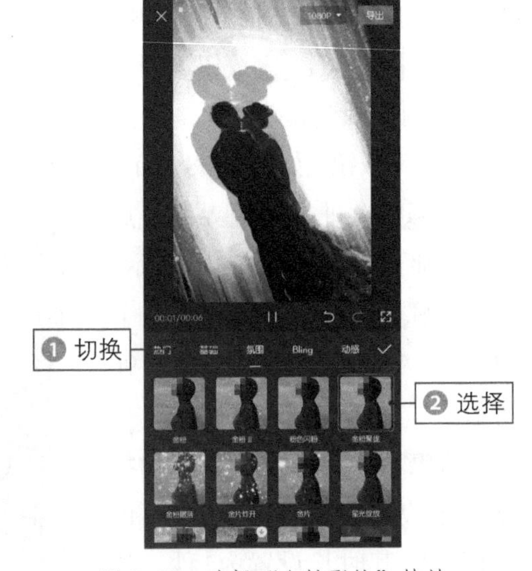

图 3-93 选择“金粉聚拢”特效

【效果赏析】：调整特效的持续时长，并添加合适的背景音乐。点击“导出”按钮，导出并播放预览视频，效果如图 3-94 所示。可以看到画面形成了两个层次，一个是实的，另一个是虚的。

图 3-94　预览视频效果

TIPS 022 拍照定格：任意定格画面

扫码看教程　扫码看成片效果

拍照定格是指将视频中的某一个画面像拍照一样把它定格下来的一种短视频。下面介绍使用剪映 App 制作拍照定格短视频的操作方法。

1. 删除

在对视频进行剪辑时，可以去掉一些不需要的视频素材或音频素材。

步骤 01 在剪映App中导入一段素材，❶拖曳时间轴至需要定格的位置；❷选择视频轨道；❸点击“定格”按钮，如图3-95所示。

步骤 02 ❶选择多余的视频轨道；❷点击“删除”按钮，如图3-96所示。

图 3-95　点击“定格”按钮

图 3-96　点击“删除”按钮

步骤 03 点击☒按钮返回主界面，找到刚刚制作的剪辑草稿，❶点击⋯按钮；❷选择“复制草稿”选项，如图3-97所示。

步骤 04 点击复制的剪辑草稿，如图3-98所示。

图 3-97 选择“复制草稿”选项

图 3-98 点击复制的剪辑草稿

步骤 05 ❶选择第一段视频轨道；❷点击“删除”按钮，如图3-99所示。

步骤 06 ❶选择视频轨道；❷在预览区域适当缩小视频画面，如图3-100所示。

图 3-99 点击“删除”按钮

图 3-100 缩小视频画面

2. 画布颜色

画布颜色是一种填充背景的方式，用户可通过其改变背景的颜色。

步骤 01 点击 按钮返回，点击"背景"按钮，如图 3-101 所示。

步骤 02 打开"背景"菜单，点击"画布颜色"按钮，如图 3-102 所示。

步骤 03 进入"画布颜色"界面，❶选择白色背景；❷点击"导出"按钮，如图3-103所示。

步骤 04 导出完成后作为相框视频备用，点击 按钮返回。打开原来的剪辑草稿，❶拖曳时间轴至分割的位置；❷依次点击"画中画"按钮和"新增画中画"按钮，如图3-104所示。

图 3-101　点击"背景"按钮

图 3-102　点击"画布颜色"按钮

图 3-103　点击"导出"按钮

图 3-104　点击"新增画中画"按钮

3. 转场

转场是指画面与画面、场景与场景之间的过渡，在画面之间添加合适的转场效果能够让短视频更加流畅自然。

步骤 01 导入刚刚导出的视频素材，❶在预览区域适当调整画中画素材的画面大小和位置；❷点击▯按钮，如图 3-105 所示。

步骤 02 进入“转场”界面，在“基础转场”选项卡中选择“闪白”转场，如图 3-106 所示。

图 3-105 点击相应按钮

图 3-106 选择“闪白”转场

4. 边框特效

“边框”特效是一个特效选项卡，其中包括“播放器”“视频界面”“电视边框”等 40 多种边框特效。

步骤 01 点击✓按钮添加转场效果，点击“特效”按钮，如图3-107所示。

步骤 02 进入“特效”界面，❶切换至“边框”选项卡；❷选择“录制边框Ⅲ”特效，如图3-108所示。

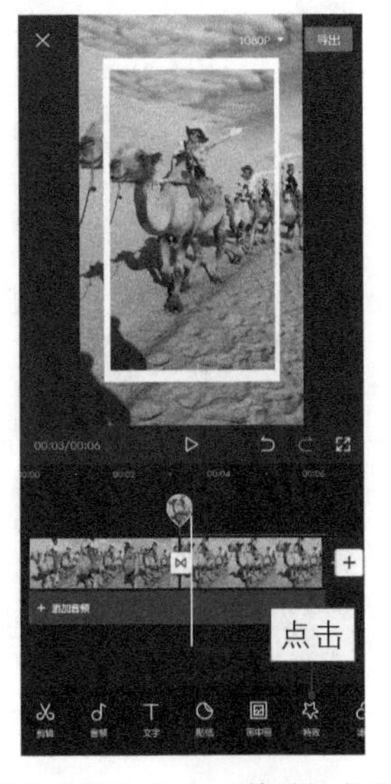

图 3-107 点击“特效”按钮

图 3-108 选择“录制边框Ⅲ”特效

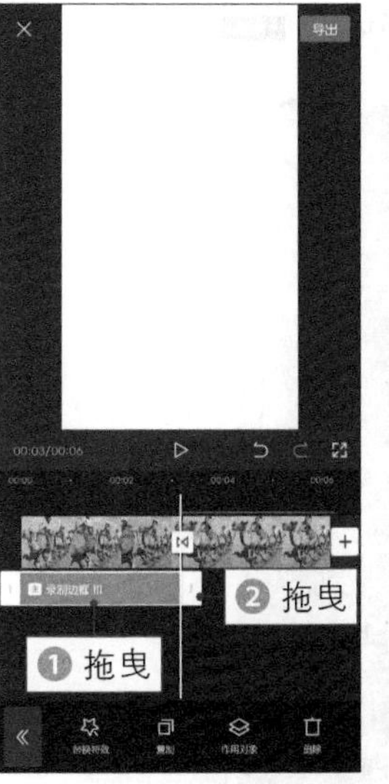

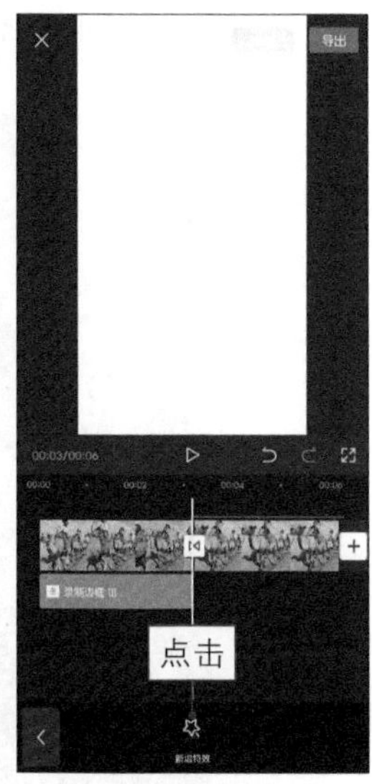

图 3-109　调整特效的持续时长　图 3-110　点击“新增特效”按钮

步骤 03　点击✓按钮添加特效，❶ 将特效轨道拖曳至第 1 段视频轨道的下方；❷ 拖曳特效轨道右侧的白色拉杆，调整特效的持续时长，使其与第 1 段视频轨道时长一致，如图 3-109 所示。

步骤 04　点击《按钮返回，点击“新增特效”按钮，如图 3-110 所示。

步骤 05　❶ 切换至“基础”选项卡；❷ 选择“模糊”特效，如图 3-111 所示。

步骤 06　返回调整画中画轨道的时长，使其与第 2 段视频轨道的时长一致，❶ 拖曳时间轴至分割位置；❷ 选择画中画轨道；❸ 点击按钮，如图 3-112 所示。

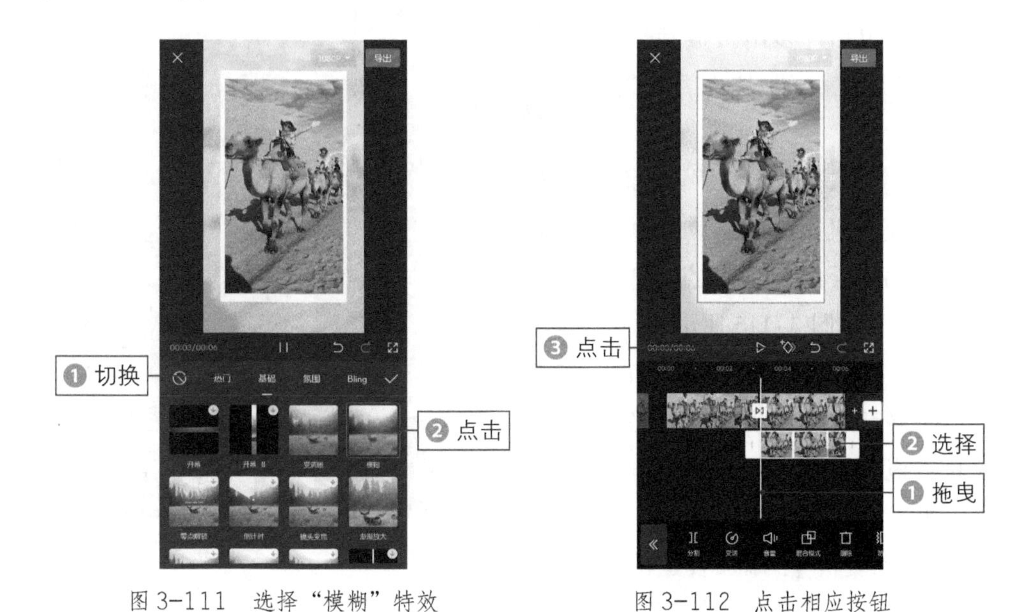

图 3-111　选择“模糊”特效　　图 3-112　点击相应按钮

步骤 07　❶拖曳时间轴至结束位置；❷在预览区域适当旋转并缩小相框视频，调整其画面大小和位置，如图3-113所示。

步骤 08 返回并依次点击"音频"按钮和"音效"按钮，如图3-114所示。

图 3-113 调整相框视频

图 3-114 点击"音效"按钮

5. 机械音效

"机械"音效是一个音效选项卡，其中包括许多由机械制造的音效，如"打字声""拍照声""鼠标声"等。

步骤 01 进入"音效"界面，❶ 切换至"机械"选项卡；❷ 选择"拍照声 2"音效；❸ 点击"使用"按钮，如图 3-115 所示。

步骤 02 点击✓按钮添加音效，调整音效的出现位置，将音效轨道拖曳至视频轨道的分割位置，如图 3-116 所示。

图 3-115 点击"使用"按钮

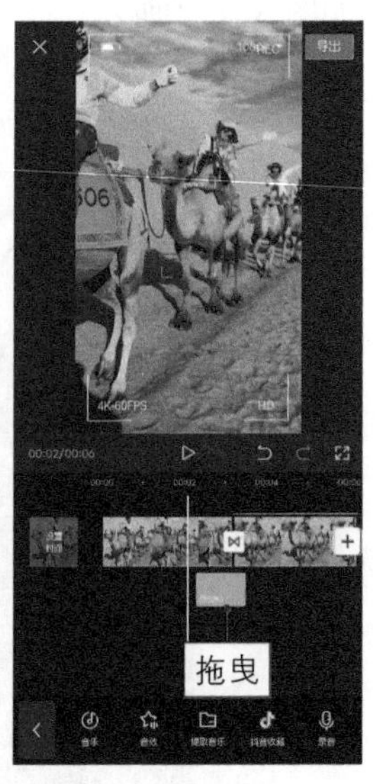

图 3-116 调整音效位置

【效果赏析】：添加合适的背景音乐，点击"导出"按钮，导出并播放预览视频，效果如图 3-117 所示。可以看到，原本处于动态的画面突然被拍成了一张照片。

图 3-117　预览视频效果

TIPS 023 添加片尾：统一视频风格

扫码看教程

扫码看成片效果

经常看短视频的用户都会发现，一般由专业视频创作者发布的短视频，在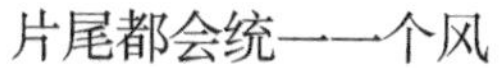片尾都会统一一个风格。下面介绍使用剪映 App 制作统一抖音片尾风格的具体操作方法。

1. 9：16 比例

9：16 是一个画幅比例，也是抖音 App 中的视频宽高比。

步骤 01 在剪映 App 中导入白底素材，点击工具栏中的“比例”按钮，如图 3-118 所示。

步骤 02 打开“比例”菜单，选择 9：16 选项，如图 3-119 所示。

步骤 03 点击 < 按钮返回主界面，依次点击“画中画”按钮和“新增画中画”按钮，如图 3-120 所示。

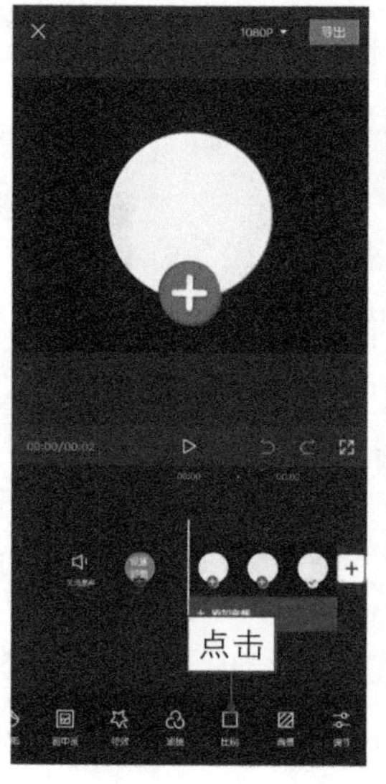

图 3-118　点击“比例”按钮

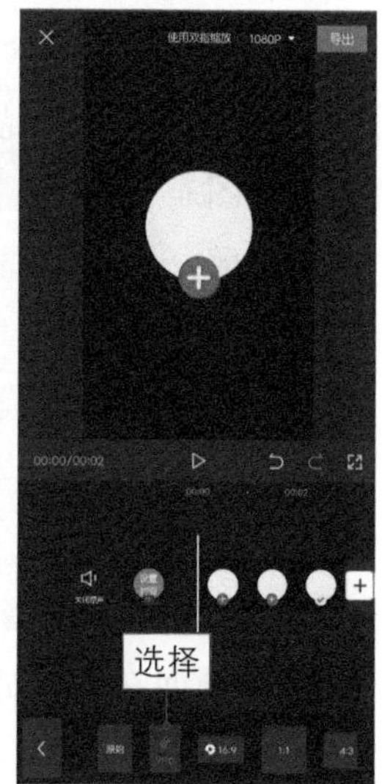

图 3-119　选择 9：16 选项

步骤 04 进入“照片视频”界面后，❶ 选择一段素材；❷ 点击“添加”按钮，如图 3-121 所示。

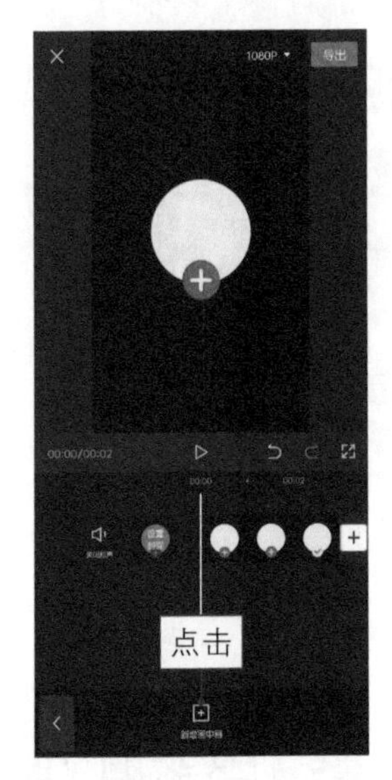

图 3-120 点击“新增画中画”按钮

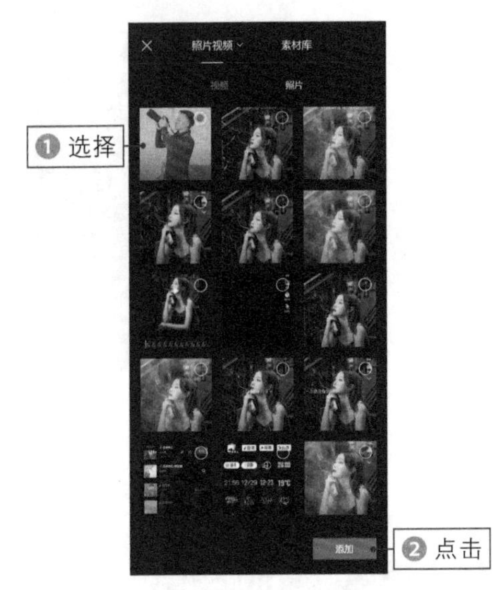

图 3-121 点击“添加”按钮

2. 变暗

“变暗”是一种混合模式，在该模式下，两个画面进行混合时，哪个画面比较暗就显示哪个画面。

步骤 01 导入素材后，点击下方工具栏中的“混合模式”按钮，如图3-122所示。

步骤 02 打开“混合模式”菜单，❶选择“变暗”选项；❷在预览区域调整画中画素材的位置和大小，如图3-123所示。

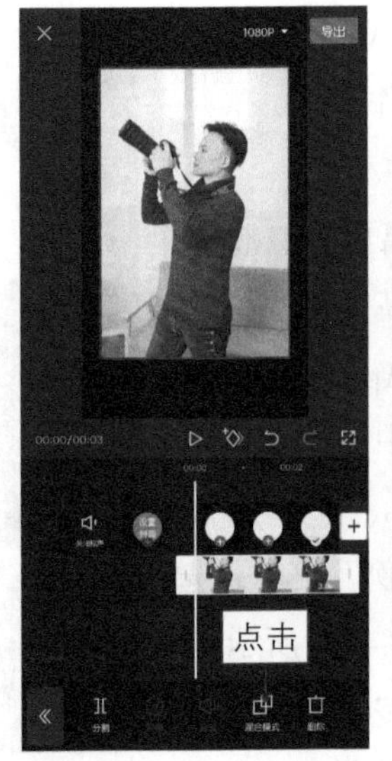

图 3-122 点击“混合模式”按钮

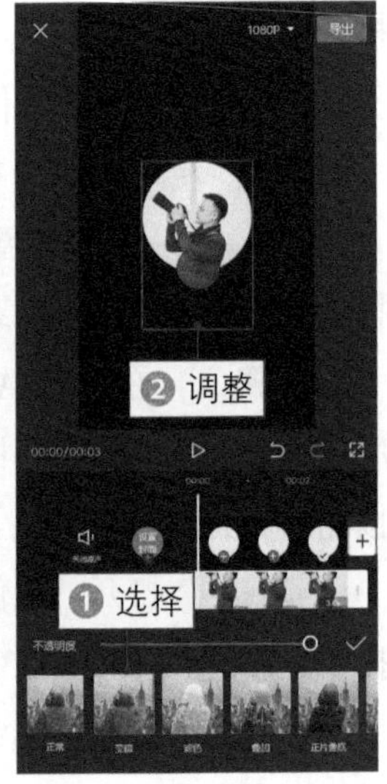

图 3-123 调整画中画素材

3. 变亮

“变亮”与“变暗”刚好相反，当两个画面在该模式下混合时，哪个画面比较亮就显示哪个画面。

步骤 01 点击✓按钮返回，点击“新增画中画”按钮，如

图3-124所示。

步骤 02 进入“照片视频”界面后，选择黑底素材，点击“添加”按钮，导入黑底素材，如图3-125所示。

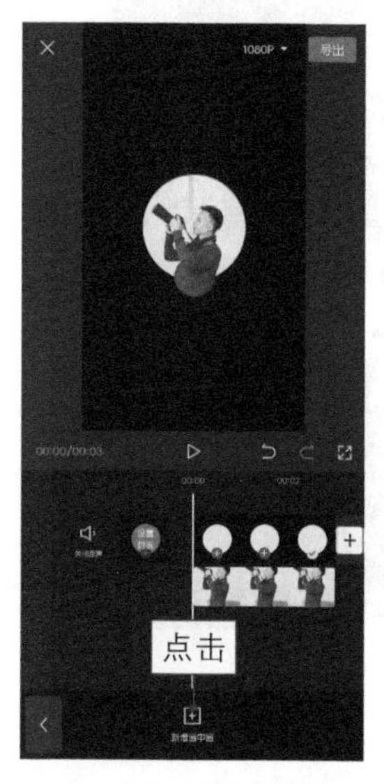

图 3-124　点击“新增画中画”按钮

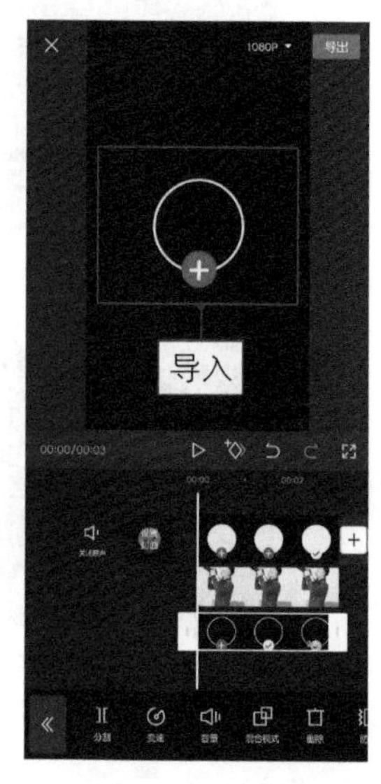

图 3-125　导入黑底素材

步骤 03 执行操作后，点击“混合模式”按钮，打开“混合模式”菜单，选择“变亮”选项，如图3-126所示。

步骤 04 点击✓按钮返回，在预览区域调整黑底素材的大小，如图 3-127 所示。

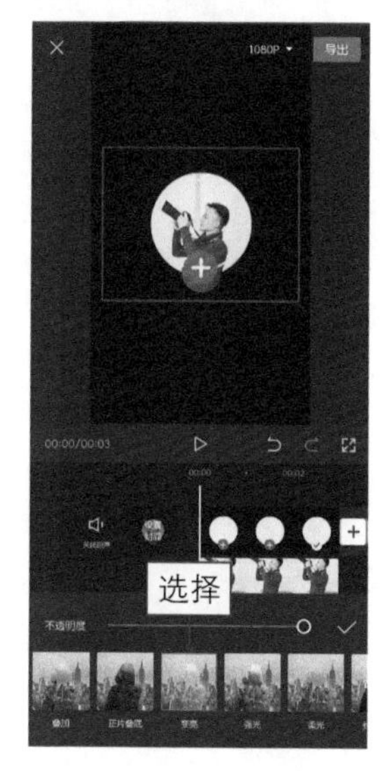

图 3-126　选择“变亮”选项

图 3-127　调整黑底素材的大小

【效果赏析】：点击“导出”按钮，即可导出并播放预览视频，效果如图3-128所示。

图 3-128 预览视频效果

第 4 章

一张照片：玩出 N 个爆款视频

仅用一张照片也能制作出多款火爆的短视频。本章将通过抖音 App 和剪映 App 为大家介绍烟雾效果、水滴滚动、镜面拼图、叉型拼图、心跳效果及花瓣飘落 6 种爆款短视频的制作方法，让读者轻松学会用照片制作短视频的方法，提高创作能力，从而让短视频产生更强的冲击力。

TIPS 024 烟雾效果：伤感唯美的大雨

仅用一张照片也能制作出精彩、唯美的烟雾视频效果。下面介绍使用抖音 App 制作烟雾效果短视频的具体操作方法。

扫码看教程

扫码看成片效果

1. 相册

在抖音 App 中，既可以拍视频，也可以点击“相册”按钮，直接添加拍好的视频或照片等进行创作。

步骤 01 打开抖音 App，点击[+]按钮，如图 4-1 所示。

步骤 02 打开抖音相机，点击“相册”按钮，如图 4-2 所示。

图 4-1　点击相应按钮

图 4-2　点击“相册”按钮

2. 烟雾特效

“烟雾”特效是“梦幻”选项卡中的一种特效，给人一种神秘感，非常适合用在人物短视频中。

步骤 01 进入“所有照片”界面，❶选择一张照片素材；❷点击“下一步”按钮，如图 4-3 所示。

步骤 02 点击“特效”按钮，如图 4-4 所示。

步骤 03 进入“特效”界面，选择“梦幻”选项卡中的“烟雾”特效，如图 4-5 所示。

步骤 04 给前半段视频添加烟雾特效，如图 4-6 所示。

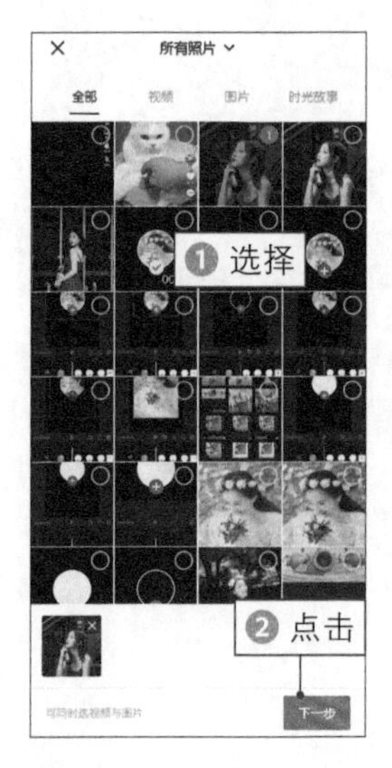

图 4-3　点击“下一步”按钮

图 4-4　点击“特效”按钮

图 4-5　选择“烟雾”特效

图 4-6　添加烟雾特效

3. 大雨特效

“大雨”特效是抖音 App 中的一个“自然”特效，其效果就像大雨从玻璃窗上流下来一样。

步骤 01 ❶切换至“自然”选项卡；❷选择“大雨”特效，如图4-7所示。

步骤 02 ❶ 给后半段视频添加大雨特效；❷ 点击“保存”按钮，如图 4-8 所示。

图 4-7　选择“大雨”特效

图 4-8　点击“保存”按钮

4. 贴纸

“贴纸”是抖音App中的一个编辑工具，能够为短视频添加背景音乐、歌词字幕、照片及表情等。

步骤01 点击“贴纸”按钮，如图4–9所示。

步骤02 选择“贴图”选项卡中的“歌词”选项，如图4–10所示。

步骤03 ❶ 在搜索栏中输入自己喜欢的音乐名称；❷ 在下方找到需要的背景音乐，点击“使用”按钮，如图4–11所示。

图4–9 点击“贴纸”按钮

图4–10 选择“歌词”选项

步骤04 执行操作后添加背景音乐，点击歌词字幕，如图4–12所示。

图4–11 点击“使用”按钮

图4–12 点击歌词字幕

步骤05 打开字幕样式菜单，选择“手写”字幕样式，如图4–13所示。

步骤06 调整文字的位置和大小，如图4–14所示。

图 4-13　选择“手写”字幕样式

图 4-14　调整文字的大小和位置

【效果赏析】：依次点击“下一步”按钮和视频缩略图，即可预览视频效果，如图 4-15 所示。可以看到前半段视频烟雾从画面左边飘进，后半段视频画面中下着大雨。

图 4-15　预览视频效果

TIPS• 025 水滴滚动：灵魂出窍的分屏

水滴滚动是剪映 App 的一种自然特效，能够让画面更加具有动感。下面介绍使用剪映 App 制作水滴滚动短视频的具体操作方法。

扫码看教程

扫码看成片效果

1. 变清晰特效

剪映App中的“变清晰”特效与抖音App中的“模糊变清晰”转场相似，都是先模糊后清晰，给人一种神秘感。

图4-16 调整视频时长

图4-17 点击“踩点”按钮

步骤01 在剪映App中导入一张照片素材，并添加合适的背景音乐，❶ 选择视频轨道；❷ 拖曳其右侧的白色拉杆，调整视频时长，使其与音频轨道对齐，如图4-16所示。

步骤02 ❶ 选择音频轨道；❷ 点击“踩点”按钮，如图4-17所示。

步骤03 进入“踩点”界面，❶ 拖曳时间轴至需要卡点的位置；❷ 点击“+添加点”按钮，如图4-18所示。

步骤04 采用同样的操作方法，在其他需要卡点的位置添加点，点击✓按钮返回，❶ 拖曳时间轴至起始位置；❷ 点击“特效”按钮，如图4-19所示。

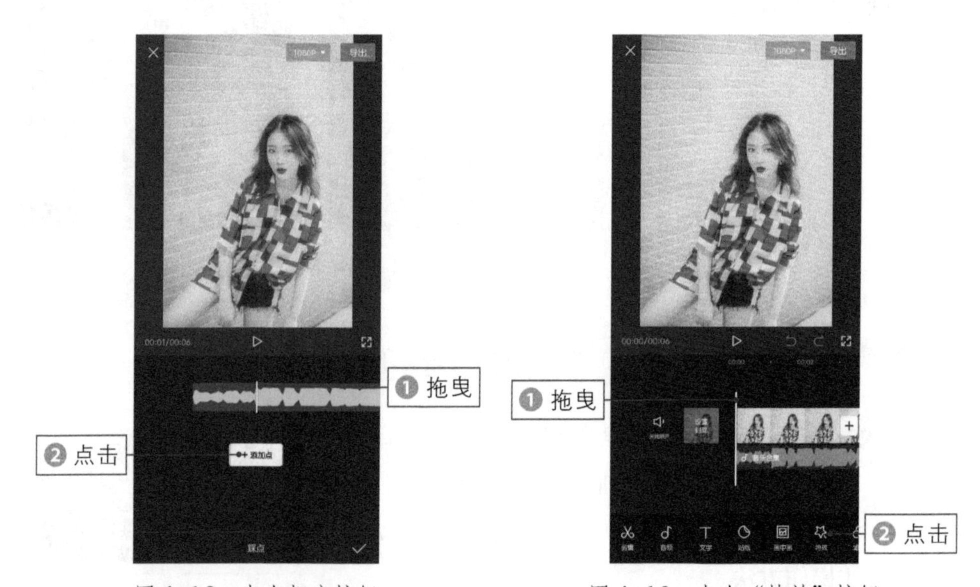

图4-18 点击相应按钮　　图4-19 点击“特效”按钮

步骤 05 进入“特效”界面，❶ 切换至“基础”选项卡；❷ 选择“变清晰”特效，如图 4-20 所示。

步骤 06 点击✓按钮添加特效，拖曳“变清晰”特效轨道右侧的白色拉杆，调整特效的持续时长，使其与第 1 个节拍点对齐，如图 4-21 所示。

图 4-20　选择“变清晰”特效

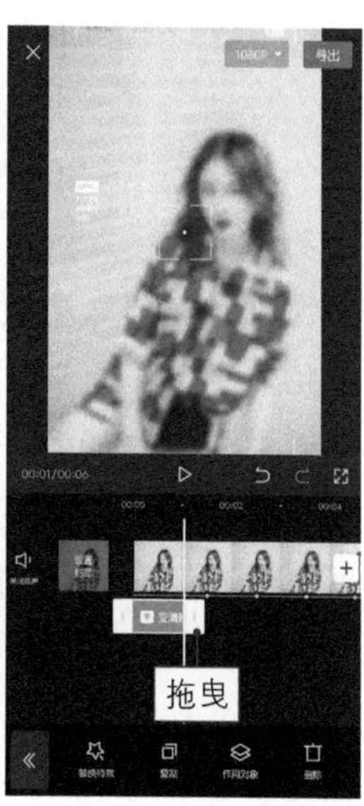

图 4-21　调整特效时长

2. 分屏特效

“分屏”特效是一个特效选项卡，其中包括“两屏”、“三屏”及“黑白三格”等多种分屏特效。

步骤 01 点击«按钮返回，点击“新增特效”按钮，如图4-22所示。

步骤 02 ❶切换至“分屏”选项卡；❷选择“两屏”特效，如图4-23所示。

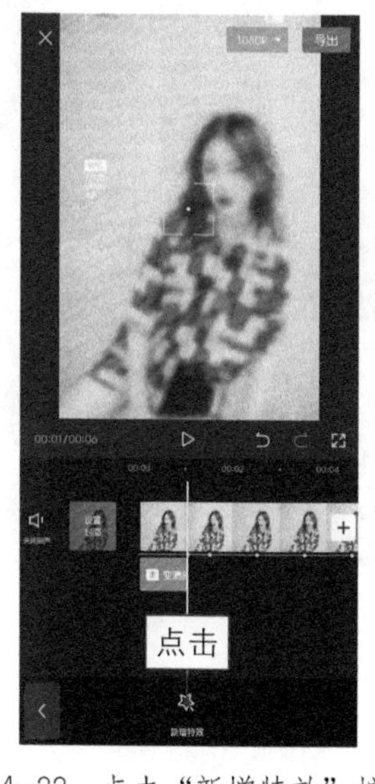

图 4-22　点击“新增特效”按钮

图 4-23　选择“两屏”特效

步骤 03 点击✓按钮返回，拖曳“两屏”特效轨道右侧的白色拉杆，调整特效的持续时长，使其与第2个节拍点对齐，如图4-24所示。

步骤04 采用同样的操作方法，分别为第2个节拍点到第3个节拍点之间添加“三屏”特效；为第3个节拍点到第4个拍点之间添加“四屏”特效；为第4个节拍点到第5个节拍点之间添加“黑白三格”特效；为第5个节拍点到第6个节拍点之间添加“三屏”特效；为第6个节拍点到第7个节拍点之间添加“两屏”特效，最后一个节拍点后面不添加特效，如图4-25所示。

图4-24 调整特效时长

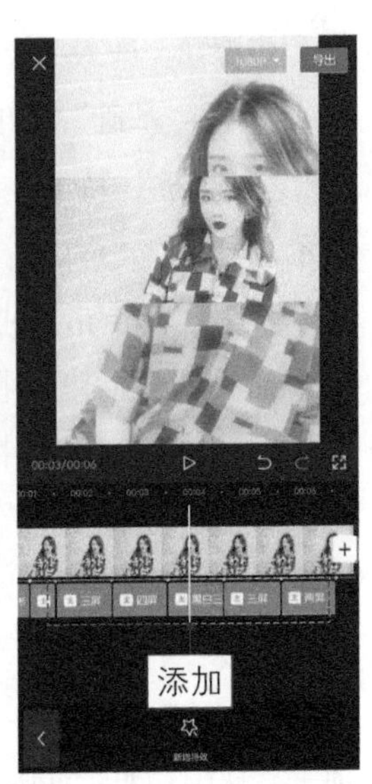

图4-25 添加分屏特效

3. 动感特效

“动感”特效是另一个特效选项卡，其中包括“人鱼滤镜”、“彩虹幻影”及“波纹色差”等多种富有动感的特效。

步骤01 ❶拖曳时间轴至第1个节拍点；❷点击“新增特效”按钮，如图4-26所示。

步骤02 ❶ 切换至“动感”选项卡；❷ 选择“灵魂出窍”特效，如图4-27所示。

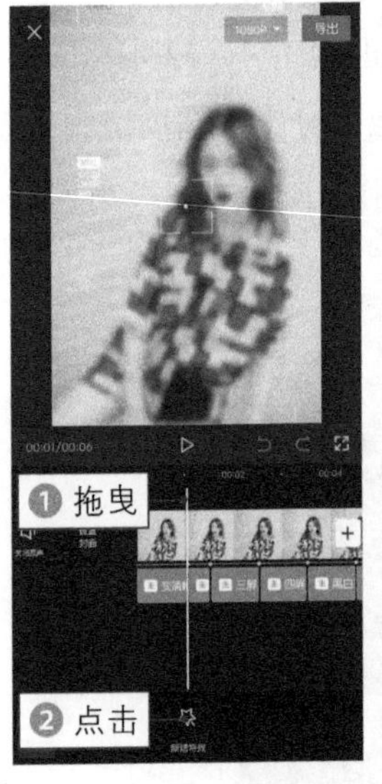

图4-26 点击“新增特效”按钮

图4-27 选择“灵魂出窍”特效

4. 自然特效

“自然”特效是另一个特效选项卡，其中包括“闪电”、“迷雾”及“火光”等多种自然现象的特效。

步骤01 点击✓按钮返回，拖曳“灵魂出窍”特效轨道右侧的白色拉杆，调整特效的持续时长，使其与视频轨道的结束位置对齐，如图4-28所示。

步骤02 点击《按钮返回，拖曳时间轴至第1个节拍点，点击“新增特效”

按钮，❶切换至“自然”选项卡；❷选择“水滴滚动”特效，如图4-29所示。

图 4-28　调整特效时长

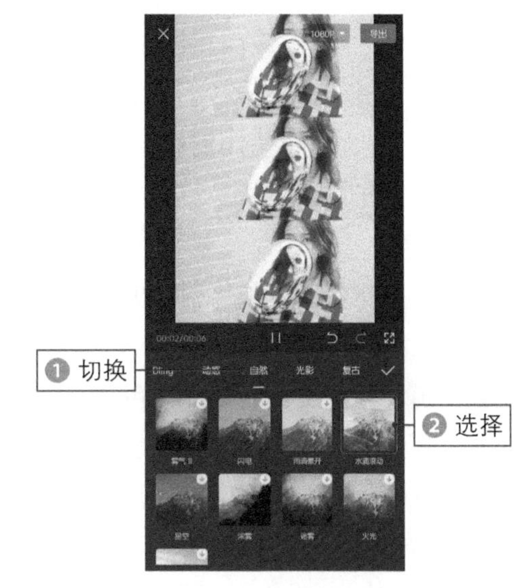

图 4-29　选择“水滴滚动”特效

【效果赏析】：返回并调整“水滴滚动”特效的持续时长，使其与视频轨道的结束位置对齐。点击“导出”按钮，即可导出并播放预览视频，效果如图4-30所示。可以看到画面从模糊变清晰，然后出现灵魂出窍的分屏和滚动的水滴。

图 4-30　预览视频效果

TIPS 026

镜面拼图：蒙版分割与拼接

镜面拼图是指用镜面蒙版将图片分割，再进行拼接的一个效果。下面介绍使用剪映 App 制作镜面拼图短视频的具体操作方法。

扫码看教程

扫码看成片效果

1. 拼接

拼接是指使用蒙版将画面进行分割再组合的过程。

步骤 01 在剪映App中导入一张照片素材，并添加合适的背景音乐，❶选择视频轨道；❷拖曳其右侧的白色拉杆，调整视频时长，使其与音频轨道对齐，如图4–31所示。

步骤 02 选择音频轨道，为其添加节拍点，❶ 选择视频轨道；❷ 拖曳时间轴至最后一个节拍点的位置；❸ 点击“分割”按钮，如图 4–32 所示。

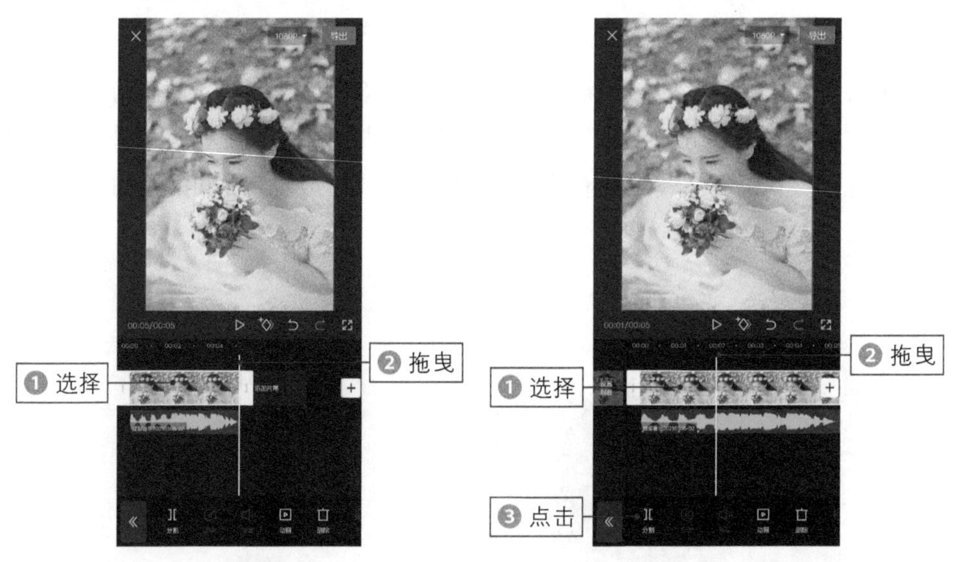

图 4–31　调整视频时长　　图 4–32　点击“分割”按钮

步骤 03 ❶选择第1段视频轨道；❷点击“蒙版”按钮，如图4–33所示。

步骤 04 进入“蒙版”界面，❶选择“镜面”蒙版；❷在预览区域调整蒙版的位置、大小和角度，如图4–34所示。

步骤 05 点击✓按钮返回，点击工具栏中的“复制”按钮，如图 4–35 所示。

步骤 06 点击《按钮返回，点击“画中画”按钮，❶选择复制出来的第2段视频轨道；❷点击“切画中画”按钮，如图4-36所示。

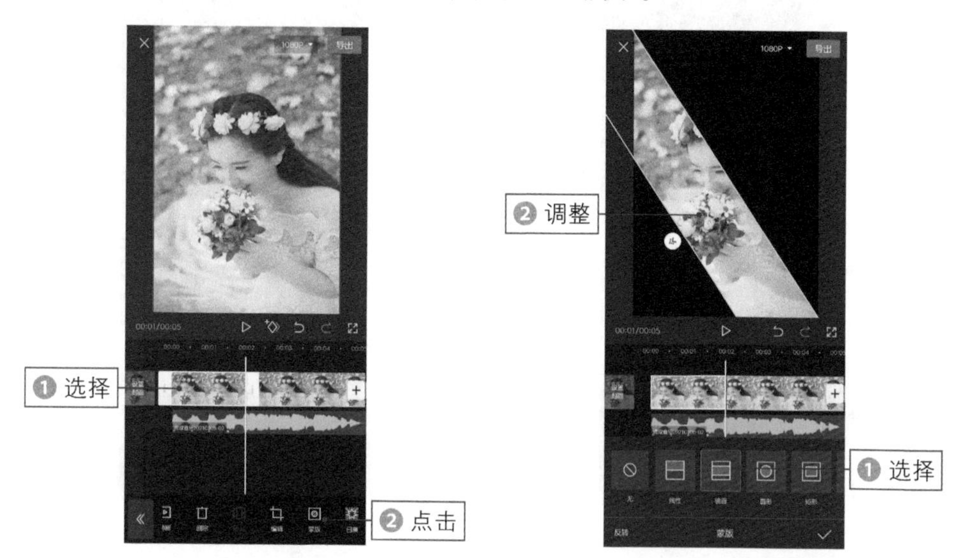

图 4-33　点击“蒙版”按钮　　　图 4-34　调整蒙版

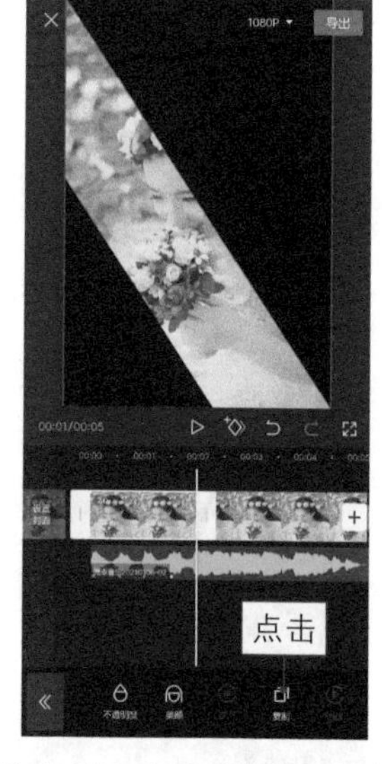

图 4-35　点击“复制”按钮

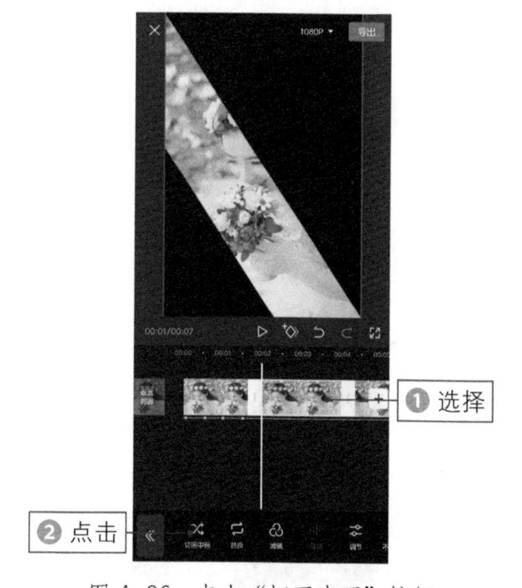

图 4-36　点击“切画中画”按钮

步骤 07 拖曳画中画轨道，使其起始位置与第2个节拍点对齐，❶选择画中画轨道；❷点击工具栏中的“蒙版”按钮，如图4-37所示。

步骤 08 在预览区域调整蒙版的位置，使两个蒙版拼接在一起，如图4-38所示。

图 4-37 点击“蒙版”按钮

图 4-38 调整蒙版的位置

步骤 09 点击✓按钮返回，点击“复制”按钮，如图4-39所示。

步骤 10 拖曳画中画轨道，调整第2段画中画轨道的位置，使其起始位置与第3个节拍点对齐，如图4-40所示。

图 4-39 点击“复制”按钮

图 4-40 调整画中画轨道的位置

步骤 11 采用同样的操作方法，调整第2段画中画轨道的蒙版位置，❶再添加一段画中画轨道，将其起始位置与第4个节拍点对齐；❷调整其蒙版位置，直至将画面拼接完成，如图4-41所示。

步骤 12 拖曳所有画中画轨道右侧的白色拉杆，调整画中画轨道的时长，使其与第5个节拍点对齐，如图4-42所示。

图 4-41　调整蒙版位置

图 4-42　调整画中画轨道时长

2. 心河特效

“心河”特效是一种“氛围”特效，给人营造出一种唯美浪漫的氛围。

步骤 01 点击«按钮返回，点击“特效”按钮，如图 4-43 所示。

步骤 02 ❶ 切换至“氛围”选项卡；❷ 选择“心河”特效，如图 4-44 所示。

步骤 03 点击✓按钮添加特效，调整“心河”特效的持续时长，使其与视频轨道的结束位置对齐，如图 4-45 所示。

步骤 04 点击«按钮返回，❶ 拖曳时间轴至第 5 个节拍点；❷ 点击“新增特效”按钮，如图 4-46 所示。

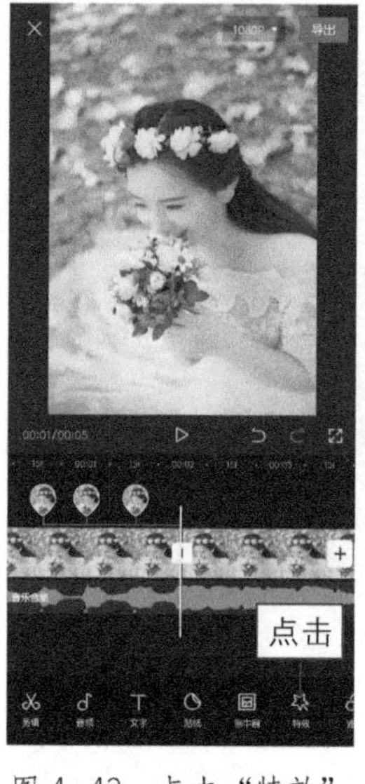

图 4-43　点击“特效”按钮

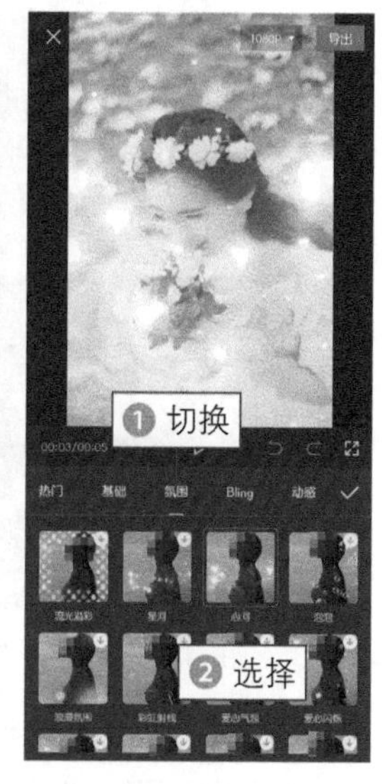

图 4-44　选择“心河”特效

图 4-45 调整特效时长

图 4-46 点击“新增特效”按钮

步骤 05 ❶切换至“动感”选项卡；❷选择“闪白”特效，如图4-47所示。

步骤 06 点击✓按钮添加特效，调整“闪白”特效的持续时长，使其与视频轨道的结束位置对齐，如图4-48所示。

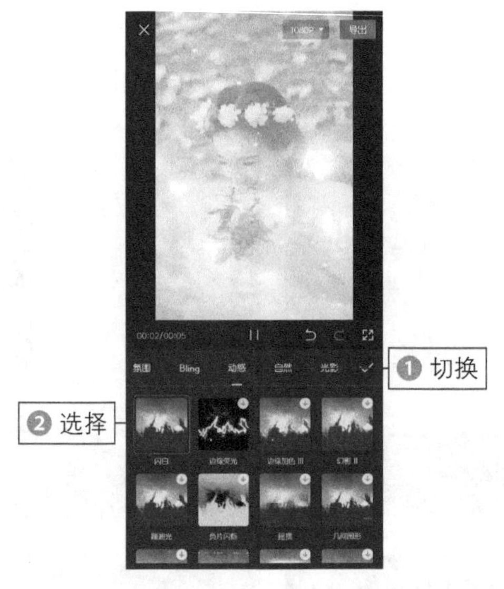

图 4-47 选择“闪白”特效

图 4-48 调整特效时长

3. 向左下甩入动画

“向左下甩入”动画是一种视频“入场动画”效果，顾名思义就是视频画面从右上角向左下角甩入。

步骤 01 ❶选择第一段视频轨道；❷依次点击“动画”按钮和“入场动画”按钮，如图4–49所示。

步骤 02 ❶选择“向左下甩入”动画；❷拖曳白色圆环滑块，调整动画时长，将其参数设置为0.2秒，如图4–50所示。

图 4–49　点击“入场动画”按钮

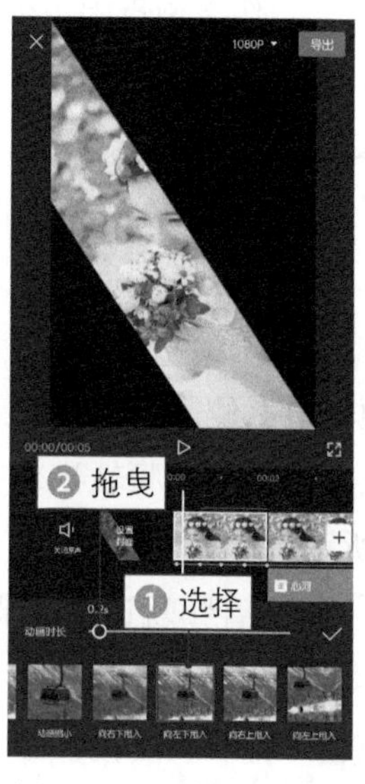

图 4–50　调整动画时长

【效果赏析】：采用同样的操作方法，为其余的画中画轨道添加“向左下甩入”动画。点击“导出”按钮，导出并播放预览视频，效果如图4–51所示。可以看到，画面被分成4块，随着音乐节奏一块接一块地甩入画面，拼接成一张完整的照片。

图 4–51　预览视频效果

TIPS
027

叉型拼图：矩形蒙版的拼接

叉型拼图是通过矩形蒙版的拼接来实现的。下面介绍使用剪映 App 制作叉型拼图短视频的操作方法。

扫码看教程

扫码看成片效果

1. 牛皮纸滤镜

“牛皮纸”滤镜是一个“风格化”滤镜，顾名思义，其颜色与牛皮纸相似。

步骤 01 在剪映 App 中导入一张照片素材，并添加合适的背景音乐。拖曳视频轨道右侧的白色拉杆，调整视频时长，使其与音频轨道对齐，如图 4–52 所示。

步骤 02 为音频轨道添加节拍点，❶ 拖曳时间轴至最后一个节拍点的位置；❷ 点击“分割”按钮，如图 4–53 所示。

图 4–52 调整视频时长

图 4–53 点击“分割”按钮

步骤 03 ❶ 选择第 1 段视频轨道；❷ 点击“滤镜”按钮，如图 4–54 所示。

步骤 04 ❶ 切换至“风格化”选项卡；❷ 选择“牛皮纸”滤镜，如图 4–55 所示。

图 4–54 点击“滤镜”按钮

图 4–55 选择“牛皮纸”滤镜

2. 矩形蒙版

“矩形”蒙版也可以用来制作画面的拼接效果，可以自由创作自己喜欢的形状。

步骤 01 点击✓按钮返回，点击“蒙版”按钮，如图 4-56 所示。

步骤 02 ❶ 选择“矩形”蒙版；❷ 在预览区域调整蒙版的位置、大小和角度，如图 4-57 所示。

步骤 03 点击✓按钮返回，点击“复制”按钮，如图4-58所示。

步骤 04 点击<按钮返回，点击“画中画”按钮，❶选择复制出来的第2段视频轨道；❷点击“切画中画”按钮，如图4-59所示。

图 4-56　点击“蒙版”按钮

图 4-57　调整蒙版

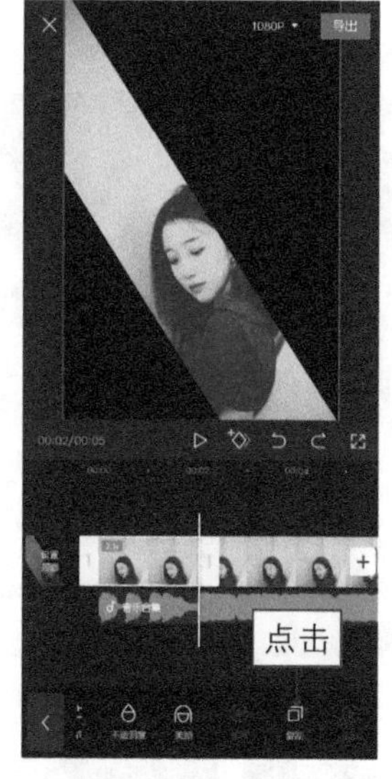

图 4-58　点击“复制”按钮

图 4-59　点击“切画中画”按钮

步骤 05 拖曳画中画轨道，使其起始位置与第2个节拍点对齐，❶选择画中画轨道；❷点击工具栏中的“蒙版”按钮，如图4-60所示。

步骤 06 在预览区域将蒙版旋转360°，使其与第1个蒙版形成一个“叉”字型，如图4-61所示。

图 4-60 点击“蒙版”按钮

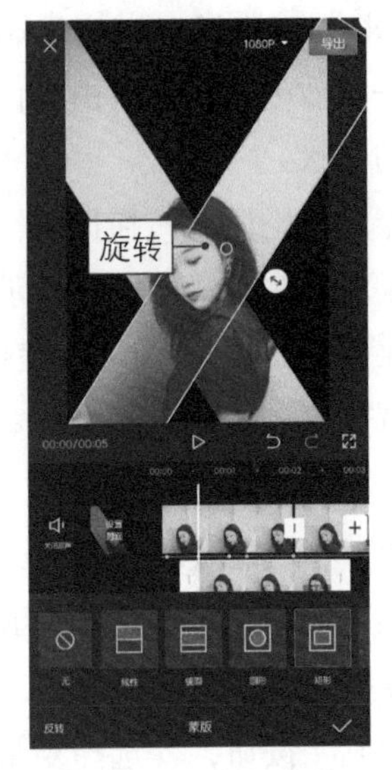

图 4-61 旋转蒙版

3. 绝对红滤镜

“绝对红”滤镜是另一种“风格化”滤镜效果，其表现效果为朱红色调。

步骤 01 点击✓按钮返回，点击“复制”按钮，如图4-62所示。

步骤 02 拖曳复制出来的第2段画中画轨道，使其起始位置与第3个节拍点对齐，❶选择画中画轨道；❷点击工具栏中的“滤镜”按钮，如图4-63所示。

步骤 03 选择“风格化”选项卡中的“绝对红”滤镜，如图 4-64所示。

步骤 04 点击✓按钮返回，点击“蒙版”按钮，在预览区域拖曳⤡按钮，缩小矩形的宽度，如图4-65所示。

图 4-62 点击“复制”按钮

图 4-63 点击“滤镜”按钮

图 4-64　选择“绝对红”滤镜

图 4-65　缩小蒙版的宽度

步骤 05　采用同样的操作方法，再复制一段画中画轨道，使其起始位置与第4个节拍点对齐，并调整蒙版位置，如图4-66所示。

步骤 06　点击✓按钮返回，依次拖曳所有画中画轨道右侧的白色拉杆，调整画中画轨道的时长，使其与第5个节拍点对齐，如图4-67所示。

图 4-66　调整蒙版位置

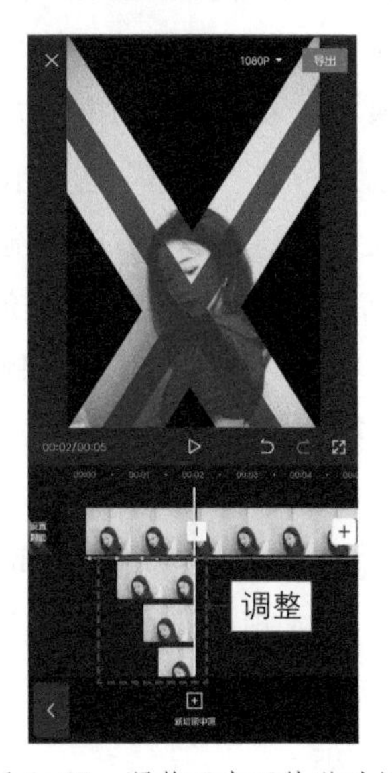

图 4-67　调整画中画轨道时长

4. 纹理特效

“纹理”特效是一个特效选项卡，其中包括“磨砂纹理”、“油画纹理”及

“折痕”等多种纹理样式。

步骤01 点击‹按钮返回，点击“特效”按钮，如图4-68所示。

步骤02 切换至“纹理”选项卡，选择“磨砂纹理”特效，如图4-69所示。

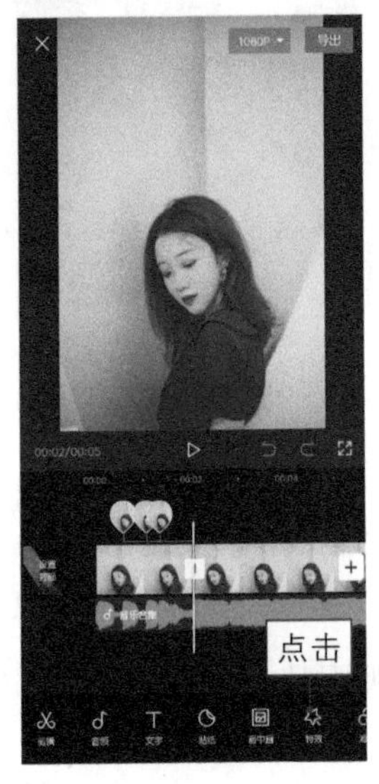

图 4-68 点击“特效”按钮

图 4-69 选择“磨砂纹理”特效

步骤03 点击✓按钮返回，点击“新增特效”按钮，❶切换至“氛围”选项卡；❷选择“金粉”特效，如图4-70所示。

步骤04 采用同样的操作方法，再添加一个“动感”选项卡中的“波纹色差”特效。依次拖曳所有特效轨道右侧的白色拉杆，调整特效时长，使其与视频轨道的结束位置对齐，如图4-71所示。

图 4-70 选择“金粉”特效

图 4-71 调整特效时长

步骤05 ❶返回并拖曳时间轴至第2段视频轨道的起始位置；❷点击“贴纸”按钮，如图4-72所示。

步骤06 ❶选择一个合适的贴纸效果；❷在预览区域调整

贴纸的位置和大小，如图4-73所示。

图 4-72　点击“贴纸”按钮

图 4-73　调整贴纸的位置和大小

步骤 07 点击✓按钮返回，❶调整贴纸轨道的时长，使其与视频轨道的结束位置对齐；❷点击“动画”按钮，如图4-74所示。

步骤 08 进入“贴纸动画”界面，❶切换至“循环动画”选项卡；❷选择“心跳”动画；❸拖曳白色圆环滑块，调整动画速度，如图4-75所示。

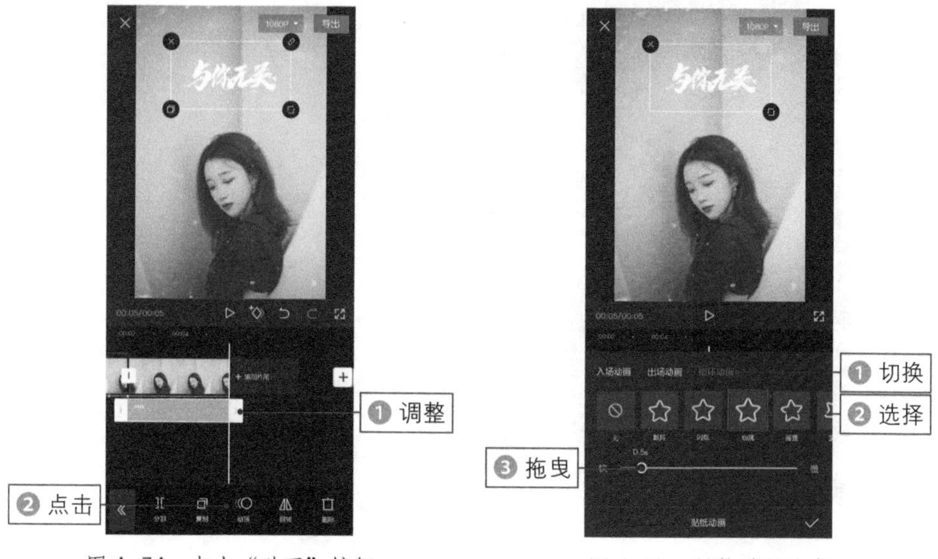

图 4-74　点击“动画”按钮

图 4-75　调整动画速度

5. 向下甩入动画

"向下甩入"动画是一种视频"入场动画"效果，用于视频的入场。

步骤 01 点击✓按钮返回，❶ 选择第 1 段视频轨道；❷ 依次点击"动画"按钮和"入场动画"按钮，如图 4-76 所示。

步骤 02 ❶选择"向下甩入"动画；❷拖曳白色圆环滑块，调整动画时长，如图4-77所示。

【效果赏析】：采用同样的操作方法，为其余 3 段画中画素材添加"向下甩入"动画。点击"导出"按钮，导出并播放预览视频，效果如图 4-78 所示。可以看到，画面被分割成一个"叉"字形甩入画面，接着出现照片整体。

图 4-76 点击"入场动画"按钮

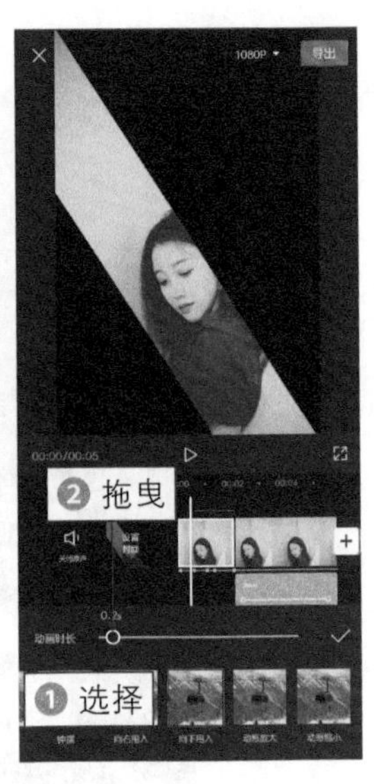

图 4-77 调整动画时长

图 4-78 预览视频效果

TIPS• 028 心跳效果：炫酷动感的视频

心跳效果是一个非常具有动感的短视频。下面介绍使用剪映 App 制作心跳效果短视频的具体操作方法。

扫码看教程　扫码看成片效果

1. 调整蒙版

调整蒙版是指蒙版可根据短视频的需要在预览区域自由拖曳，非常简单方便。

步骤 01 在剪映 App 中导入一张照片素材，并添加合适的背景音乐，调整视频时长，使其与音频轨道对齐，如图 4-79 所示。

步骤 02 为音频轨道添加节拍点，并将视频轨道按节拍点进行分割，如图 4-80 所示。

步骤 03 ❶ 选择第 1 段视频轨道；❷ 点击"蒙版"按钮，如图 4-81 所示。

图 4-79　调整视频时长

图 4-80　分割视频轨道

步骤 04 进入"蒙版"界面，选择"镜面"蒙版，如图4-82所示。

图 4-81　点击"蒙版"按钮

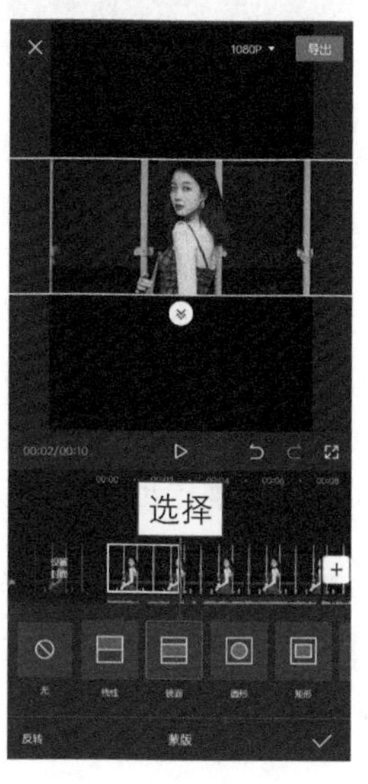

图 4-82　选择"镜面"蒙版

步骤 05 点击✓按钮返回，点击“复制”按钮，如图4-83所示。

步骤 06 返回上级菜单并点击“画中画”按钮，❶选择复制的视频轨道；❷点击“切画中画”按钮，如图4-84所示。

步骤 07 采用同样的操作方法，再复制一遍第1段视频轨道，并将其切至画中画轨道，调整两段画中画轨道的位置，使其与第1段视频轨道对齐，如图4-85所示。

步骤 08 ❶选择第1段画中画轨道；❷点击“蒙版”按钮，如图4-86所示。

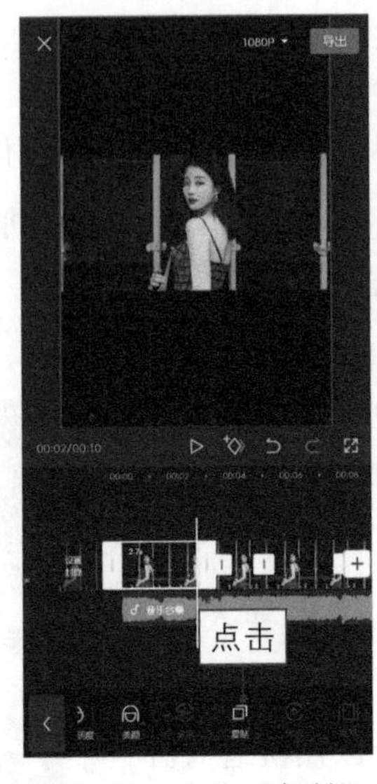

图4-83 点击“复制”按钮

图4-84 点击“切画中画”按钮

图4-85 调整画中画轨道的位置

图4-86 点击“蒙版”按钮

步骤 09 在预览区域适当放大蒙版，并将其向上拖曳，如图4-87所示。

步骤 10 采用同样的操作方法，将第2段画中画轨道的蒙版放大并向下拖曳，如图4-88所示。

图 4-87　向上拖曳蒙版

图 4-88　向下拖曳蒙版

2. 滑动动画

滑动动画也是一类“入场动画”，是指向左、向右、向上或向下滑动的一类入场动画效果。

步骤 01 返回依次点击“动画”按钮和“入场动画”按钮，❶选择“向右滑动”动画；❷拖曳白色圆环滑块，将动画时长调整至最大，如图4-89所示。

步骤 02 采用同样的操作方法，为第 1 段画中画轨道也添加“向右滑动”动画，为第 2 段视频轨道添加“向左滑动”动画，点击▷按钮播放预览效果，如图 4-90 所示。

图 4-89　调整动画时长

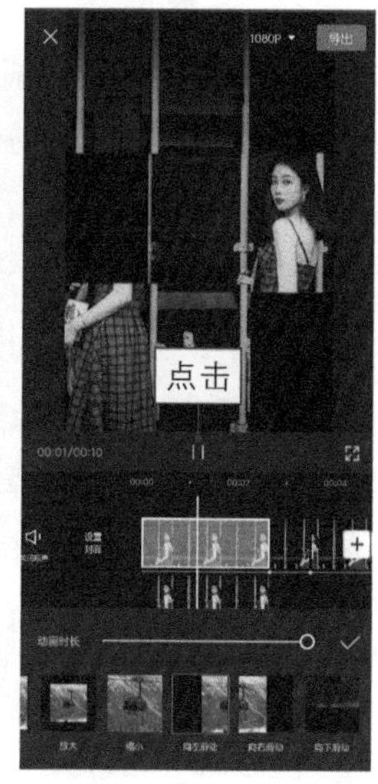

图 4-90　预览效果

步骤 03 ❶ 选择第 3 段视频轨道；❷ 选择“动感缩小”动画；❸ 拖曳白色圆环滑块，将动画时长调至最大，如图 4-91 所示。

步骤 04 ❶ 选择第 4 段视频轨道；❷ 选择“向左上甩入”动画；❸ 拖曳白色

圆环滑块，将动画时长调至 1s，如图 4–92 所示。

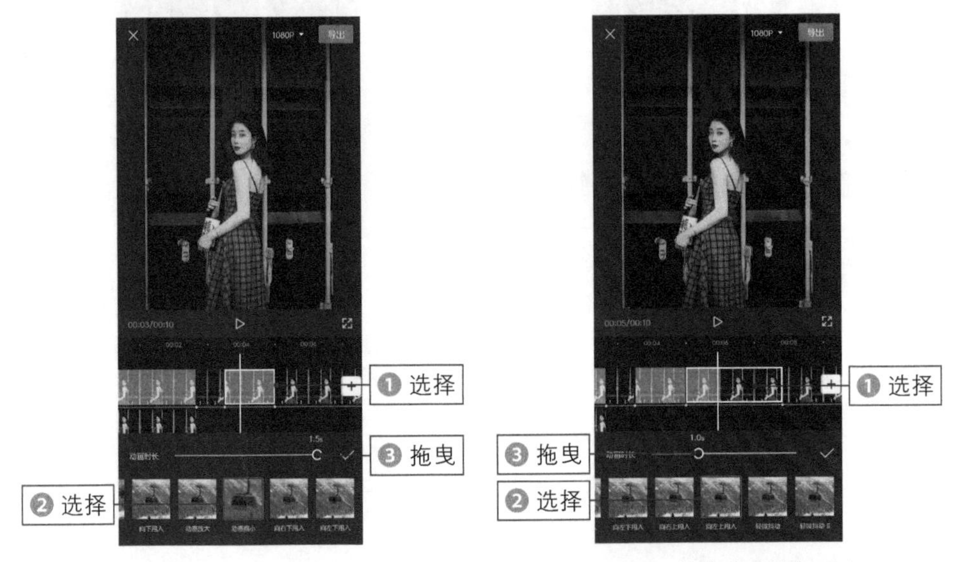

图 4–91　调整动画时长　　图 4–92　调整动画时长至 1s

3. 炫光转场

“炫光”转场是“特效转场”选项卡中的一种转场效果，通过绚丽的光晕进行转场，非常好看。

步骤 01 返回并点击第4个转场按钮 ，如图4–93所示。

步骤 02 ❶ 切换至“特效转场”选项卡；❷ 选择“炫光”转场；❸ 拖曳白色圆环滑块，调整转场时长，如图 4–94 所示。

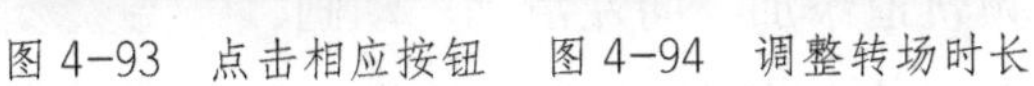

图 4–93　点击相应按钮　　图 4–94　调整转场时长

4. 心跳特效

“心跳”特效是“动感”选项卡中的一种特效，非常具有动感，适合用于炫酷的短视频中。

步骤 01 点击 按钮返回，❶拖曳时间轴至第2段视频轨道的起始位置；❷点击工具栏中的“特效”按钮，如图4–95所示。

步骤 02 选择“动感”选项卡中的“心跳”特效，如图4–96所示。

图 4-95　点击“特效”按钮

图 4-96　选择“心跳”特效

步骤 03 返回并拖曳特效轨道右侧的白色拉杆，调整特效轨道的持续时长，使其与第2段视频轨道的时长保持一致，如图4-97所示。

步骤 04 点击《按钮返回，❶拖曳时间轴至第4段视频轨道的起始位置；❷点击“新增特效”按钮，如图4-98所示。

图 4-97　调整特效时长

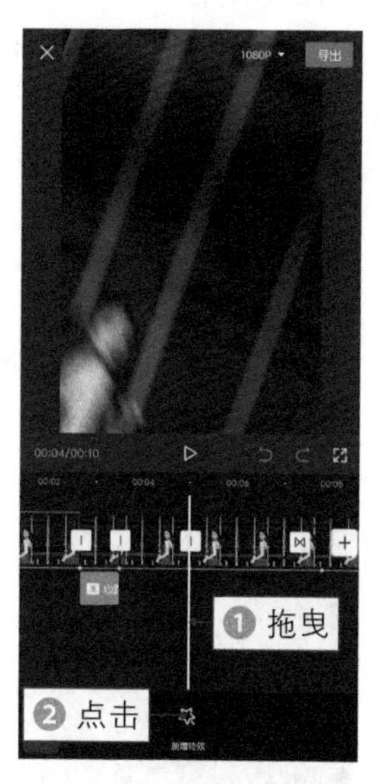

图 4-98　点击“新增特效”按钮

步骤 05 选择“氛围”选项卡中的“星火炸开”特效，如图4-99所示。

步骤 06 点击✓按钮添加特效，拖曳特效轨道右侧的白色拉杆，调整特效的持续时长，使其与“炫光”转场的起始位置对齐，如图4-100所示。

图 4-99　选择“星火炸开”特效

图 4-100　调整特效时长

步骤 07 选择第5段视频轨道，拖曳其右侧的白色拉杆，使其与音频的结束位置对齐，❶拖曳时间轴至第5段视频轨道的起始位置；❷点击“新增特效”按钮，如图4-101所示。

步骤 08 选择“动感”选项卡中的“灵魂出窍”特效，如图4-102所示。

图 4-101　点击“新增特效”按钮

图 4-102　选择“灵魂出窍”特效

5. 文字动画

文字动画与视频动画相似，也有“入场动画”、“出场动画”以及“循环动画”之分。

步骤 01 采用同样的操作方法，再添加一个“氛围”选项卡中的“金粉”特效，如图 4-103 所示。

步骤 02 返回并依次点击“文字”按钮和“识别歌词”按钮，如图 4-104 所示。

步骤 03 识别完成后，❶ 选择第 1 段文字轨道；❷ 点击工具栏中的“样式”按钮，如图 4-105 所示。

步骤 04 ❶ 选择一个合适的字体样式；❷ 在预览区域调整文字的位置和大小；❸ 点击“花字”按钮，如图 4-106 所示。

图 4-103　添加“金粉”特效

图 4-104　点击“识别歌词”按钮

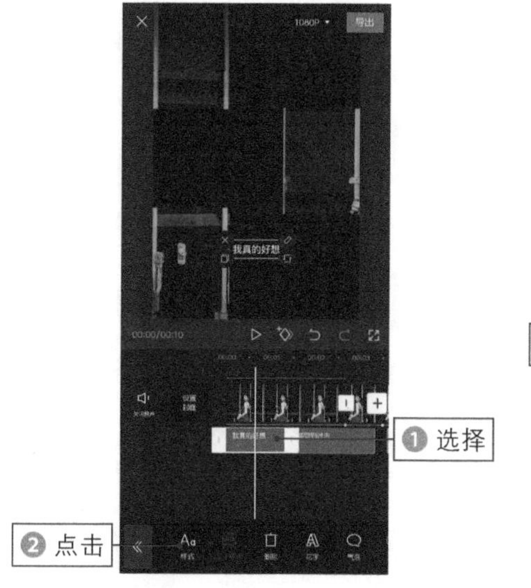

图 4-105　点击“样式”按钮

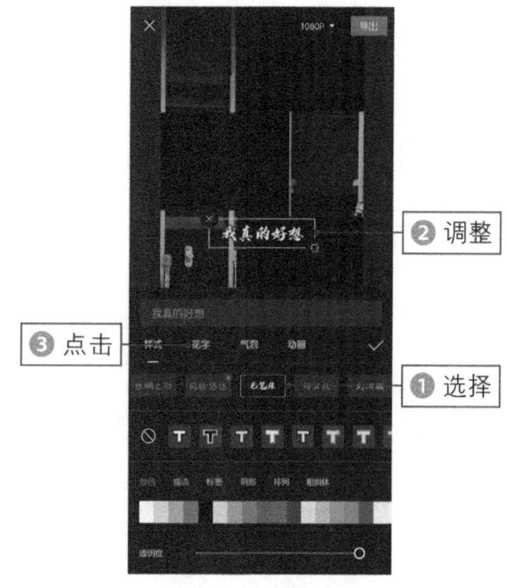

图 4-106　点击“花字”按钮

步骤 05 ❶ 选择一个合适的花字样式；❷ 点击“动画”按钮，如图 4-107 所示。

步骤 06 ❶ 选择“向左滑动”动画；❷ 拖曳滑块，将动画时长调至最大，如图 4-108 所示。

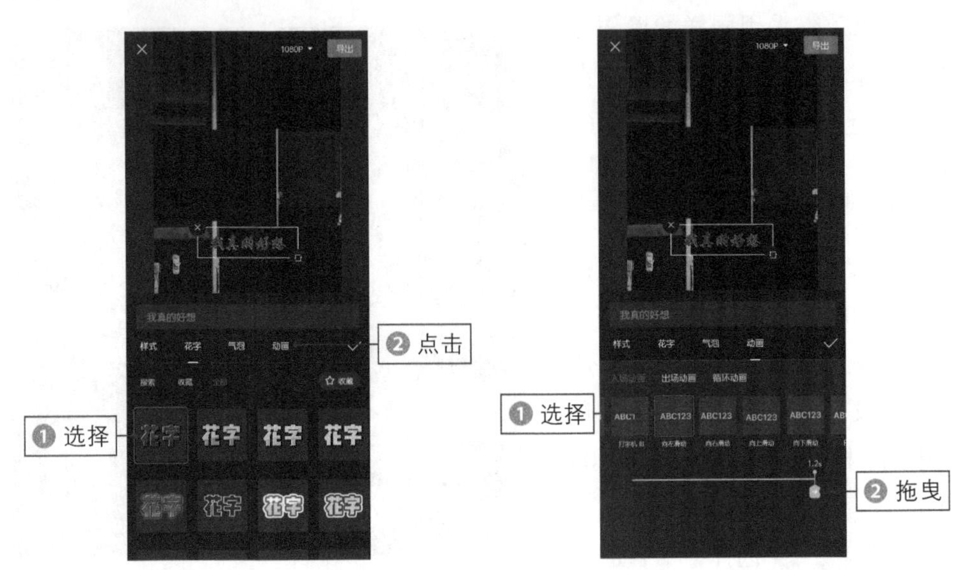

图 4-107　点击“动画”按钮　　　图 4-108　调整动画时长

步骤 07 返回并点击“复制”按钮，如图4-109所示。

步骤 08 点击底部的“动画”按钮，选择“向右滑动”动画，如图 4-110 所示。

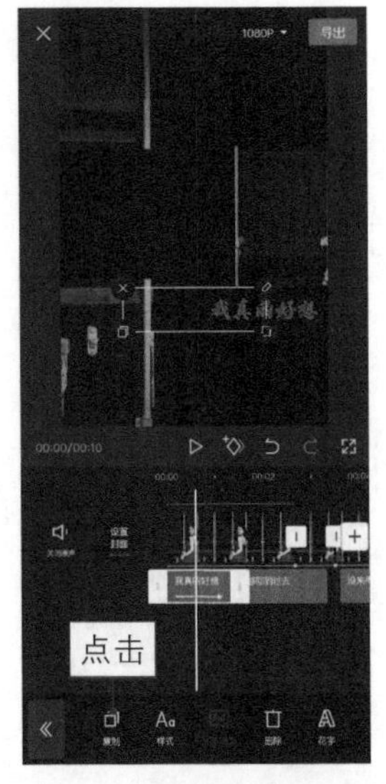

图 4-109　点击“复制”按钮

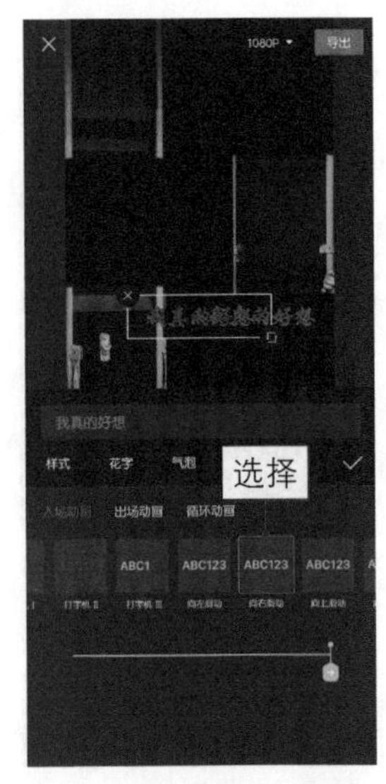

图 4-110　选择“向右滑动”动画

步骤 09 ❶选择第2段文字轨道；❷点击“动画”按钮，如图4–111所示。

步骤 10 ❶选择“向上滑动”动画；❷拖曳滑块，将动画时长调至最大，如图4–112所示。

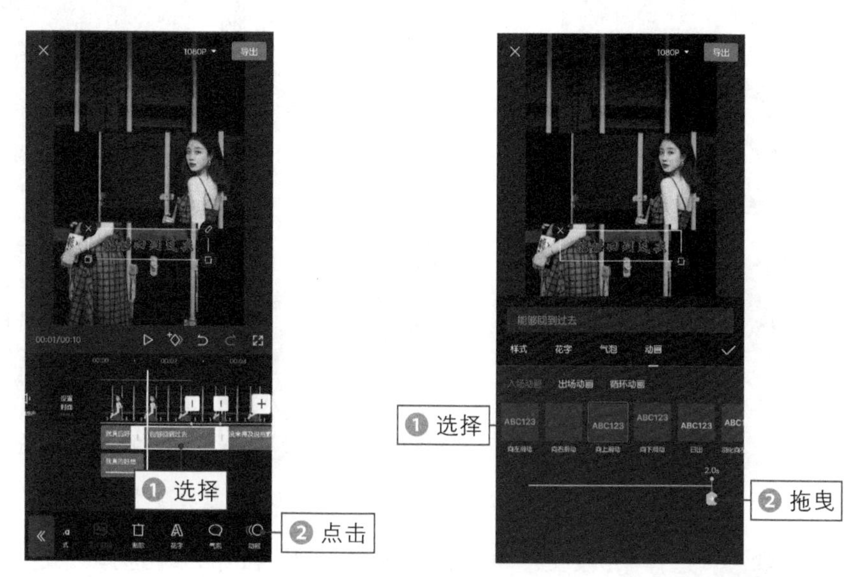

图 4–111　点击“动画”按钮　　图 4–112　调整动画时长

步骤 11 采用同样的操作方法，复制第 2 段文字轨道，并将其动画更改为“向下滑动”动画，如图 4–113 所示。

步骤 12 选择第 3 段文字轨道，点击“动画”按钮，❶ 选择“向下滑动”动画；❷ 拖曳滑块，将动画时长调整为 0.9s，如图 4–114 所示。

步骤 13 ❶ 切换至“出场动画”选项卡；❷ 选择“弹出”动画；❸ 拖曳滑块，将动画时长调整为 0.5s，如图 4–115 所示。

图 4–113　更改为“向下滑动”动画

图 4–114　调整动画时长

步骤 14 选择第4段文字轨道，点击“动画”按钮，❶选择“放大”动画；❷拖曳滑块，将动画时长调整为0.9s；❸切换至“出场动画”选项卡；❹选择

“螺旋下降”动画；❺拖曳滑块，将动画时长调整为0.5s，如图4-116所示。

图 4-115　调整动画时长为 0.5s

图 4-116　调整动画时长为 0.5s

步骤15 选择第5段文字轨道，点击“动画”按钮，❶选择“放大”动画；❷拖曳滑块，将动画时长调至最大，如图4-117所示。

步骤16 采用同样的操作方法，选择第6段文字轨道，❶选择“入场动画”选项卡中的“缩小”动画；❷将动画时长调至最大，如图4-118所示。

图 4-117　调整动画时长

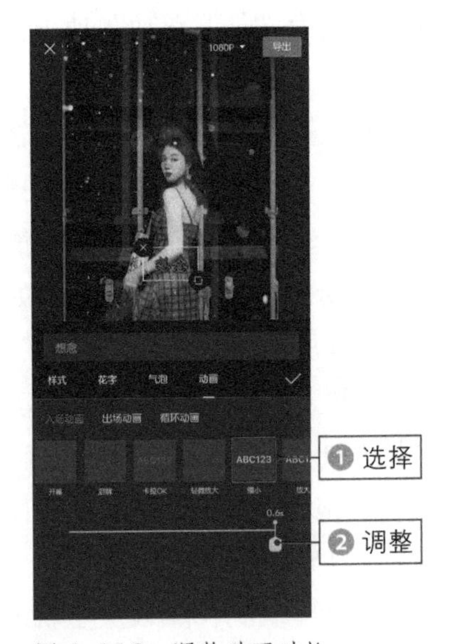

图 4-118　调整动画时长

【效果赏析】：点击“导出”按钮，导出并播放预览视频，效果如图 4-119 所示。可以看到画面被分割成 3 块，分别从不同方向滑入画面。

图 4-119　预览视频效果

TIPS● 029

花瓣飘落：浪漫唯美的效果

花瓣飘落是一个非常唯美的短视频效果，下面介绍使用剪映 App 制作花瓣飘落短视频的具体操作方法。

扫码看教程

扫码看成片效果

1. 向右甩入动画

“向右甩入”动画是一种视频“入场动画”，为短视频添加该动画后，画面会更加富有动感。

步骤 01 在剪映App中导入一张照片素材，并添加合适的背景音乐，调整视频时长，使其与音频轨道对齐，如图4-120所示。

步骤 02 为音频轨道添加节拍点，并将视频轨道按节拍点进行分割，如图4-121所示。

图 4-120　调整视频时长

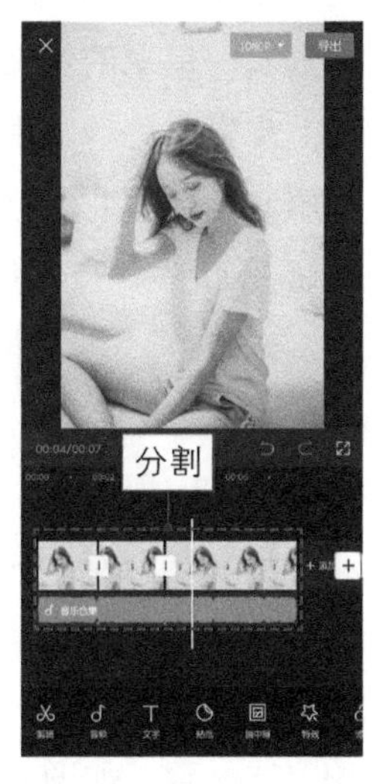

图 4-121　分割视频轨道

步骤03 ❶选择第3段视频轨道；❷依次点击“动画”按钮和“入场动画”按钮，如图4-122所示。

步骤04 ❶选择“向右甩入”动画；❷拖曳白色圆环滑块，将动画时长调整为2s，如图4-123所示。

图 4-122 点击“入场动画”按钮

图 4-123 调整动画时长

2. 花瓣飘落特效

“花瓣飘落”特效是“自然”选项卡中的一种特效，该特效非常真实，呈现的效果非常漂亮。

步骤01 ❶返回并拖曳时间轴至起始位置；❷点击“特效”按钮，如图 4-124 所示。

步骤02 ❶切换至“动感”选项卡；❷选择“抖动”特效，如图 4-125 所示。

步骤03 返回并拖曳“抖动”特效轨道右侧的白色拉杆，调整特效时长，使其与第1段视频时长保持一致，如图4-126所示。

图 4-124 点击“特效”按钮

图 4-125 选择“抖动”特效

步骤 04 返回并点击“新增特效”按钮，选择“灵魂出窍”特效，如图4-127所示。

图 4-126　调整特效时长

图 4-127　选择“灵魂出窍”特效

步骤 05 返回调整“灵魂出窍”特效轨道的时长，使其与第2段视频时长保持一致，如图4-128所示。

步骤 06 返回并点击“新增特效”按钮，❶切换至“自然”选项卡；❷选择“花瓣飘落”特效，如图4-129所示。

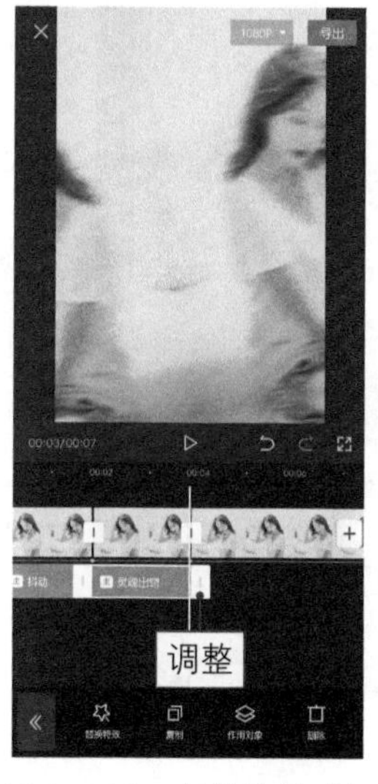

图 4-128　调整特效时长

图 4-129　选择“花瓣飘落”特效

步骤07 采用同样的操作方法，再添加“氛围”选项卡中的“星火炸开”特效，调整两条特效轨道的时长，使其与第3段视频时长保持一致，如图4-130所示。

步骤08 返回并依次点击“文字”按钮和“识别歌词”按钮，如图4-131所示。

图4-130 调整特效时长

图4-131 点击“识别歌词”按钮

3. 循环动画

“循环动画”是文字动画的一种，其中包括“色差故障”、“逐字放大”及“颤抖”等多种文字循环动画效果。

步骤01 歌词识别完成后，❶选择第1段文字轨道；❷点击“样式”按钮，如图4-132所示。

步骤02 选择一个字体样式，切换至“花字”选项卡，❶选择一个合适的花字样式；❷在预览区域调整文字的位置和大小；❸点击“动画”按钮，如图4-133所示。

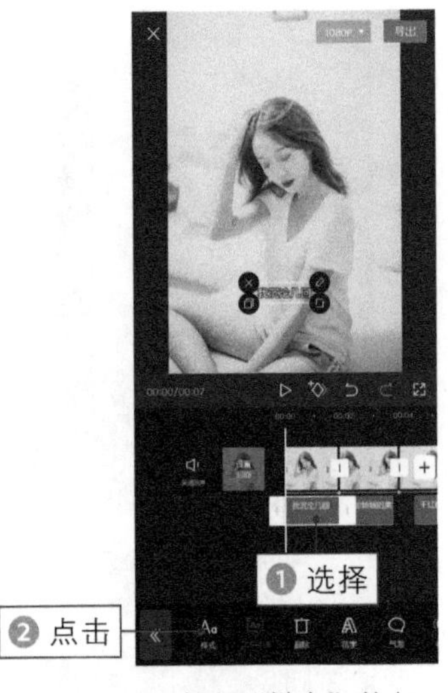

图4-132 点击“样式”按钮

图4-133 点击“动画”按钮

步骤03 ❶切换至“循环动画”选项卡；❷选择“色差故障”动画效果；❸

拖曳白色圆环滑块，适当调整动画速度，如图 4–134 所示。

步骤 04 ❶ 返回选择第 2 段文字轨道；❷ 点击“动画”按钮，如图 4–135 所示。

步骤 05 ❶ 选择“循环动画”选项卡中的“心跳”动画；❷ 拖曳白色圆环滑块，适当调整动画速度，如图 4–136 所示。

步骤 06 采用同样的操作方法，❶ 为第 3 段文字轨道选择“循环动画”选项卡中的“波浪”动画；❷ 并适当调整动画速度；❸ 为第 4 段文字轨道选择“入场动画”选项卡中的“打字机 Ⅱ”动画；❹ 并适当调整动画时长，如图 4–137 所示。

图 4–134　调整动画速度

图 4–135　点击“动画”按钮

图 4–136　调整动画速度

图 4–137　调整动画时长

【效果赏析】：点击“导出”按钮，即可导出并播放预览视频，效果如图4-138所示。可以看到照片首先进行抖动，接着甩入画面，并有花瓣飘落。

图 4-138 预览视频效果

第5章

爆款调色：高级又经典的色调

如今，人们的欣赏眼光越来越高，喜欢追求更有创造性的短视频作品。因此，在对短视频的色调进行后期处理时，不仅要突出画面主体，还要表现出适合主题的艺术气息，实现完美的色调视觉效果。本章主要以剪映 App、醒图 App 及 Lightroom App 为例，介绍各种爆款色调的后期调色技巧。

TIPS 030

去掉杂色：留下黑金化繁为简

扫码看教程

扫码看成片效果

本节主要介绍如何保留短视频中的黑色和金色，去掉其余的杂色，化繁为简。下面介绍使用剪映App去掉杂色的具体操作方法。

1. 黑金滤镜

"黑金"滤镜是"风格化"选项卡中的一种滤镜效果，添加该滤镜后画面基本上已经去掉了杂色，可以满足大部分短视频的调色需求。

步骤 01 在剪映 App 中导入一段素材，❶ 选择视频轨道；❷ 点击"滤镜"按钮，如图 5-1 所示。

步骤 02 ❶ 切换至"风格化"选项卡；❷ 选择"黑金"滤镜，如图 5-2 所示。

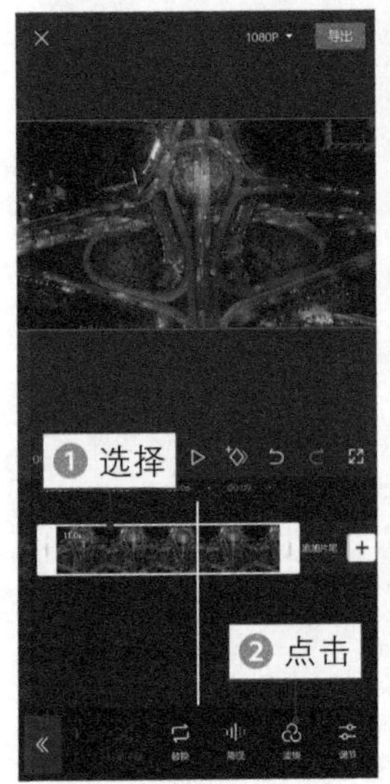

图 5-1 点击"滤镜"按钮

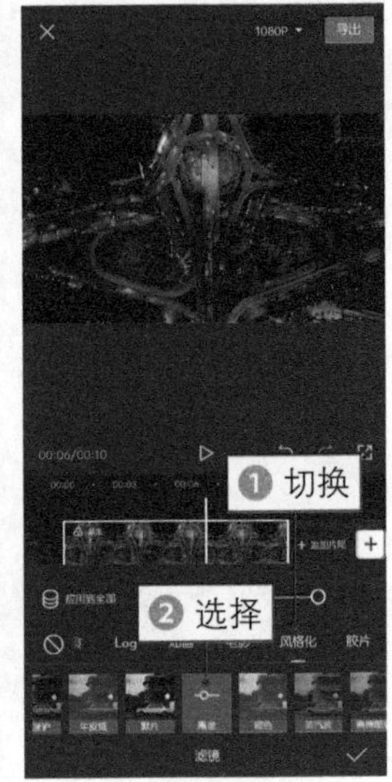

图 5-2 选择"黑金"滤镜

2. 适当调节

虽然添加"黑金"滤镜后基本上去掉了杂色，但是为了让短视频的色调更加高级，还需要进行适当调节，使画面更加干净。

步骤 01 返回并点击"调节"按钮，如图 5-3 所示。

步骤 02 进入"调节"界面，❶ 选择"亮度"选项；❷ 拖曳滑块，将其参数调至 10，如图 5-4 所示。

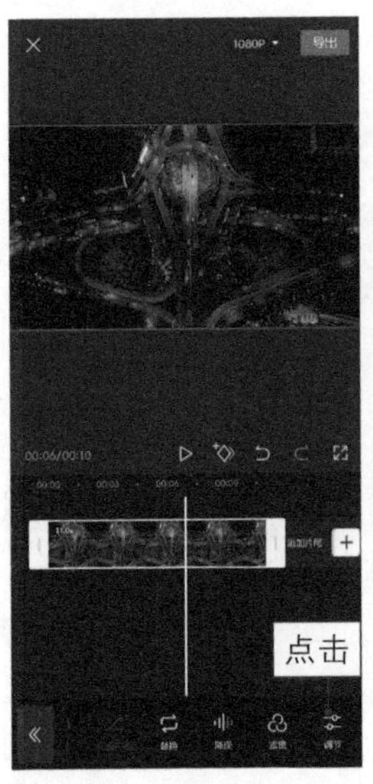

图 5-3 点击"调节"按钮

图 5-4 调节"亮度"参数

步骤 03 ❶选择“饱和度”选项；❷拖曳滑块，将其参数调至12，如图5-5所示。

步骤 04 ❶ 选择“锐化”选项；❷ 拖曳滑块，将其参数调至 28，如图 5-6 所示。

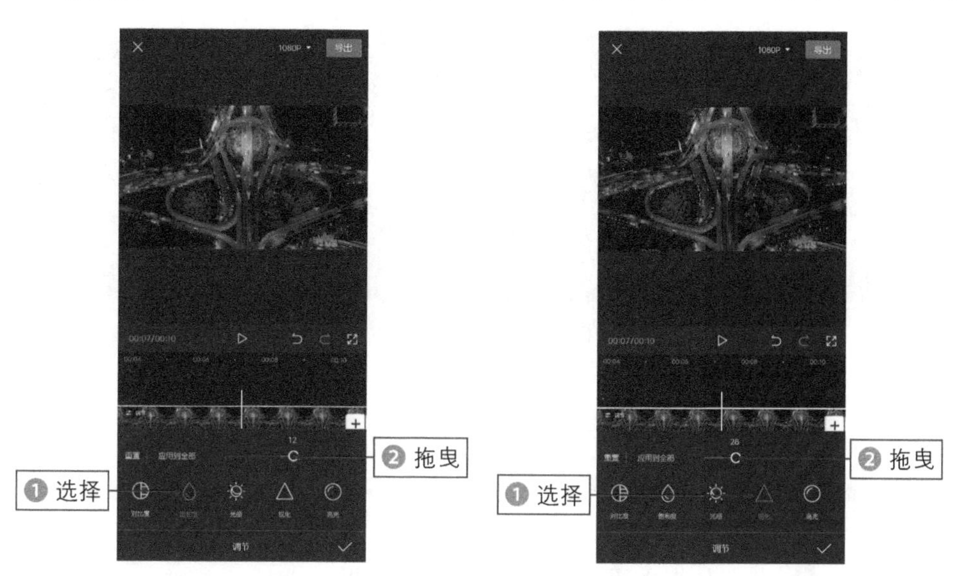

图 5-5　调节“饱和度”参数　　图 5-6　调节“锐化”参数

步骤 05 ❶ 选择“高光”选项；❷ 拖曳滑块，将其参数调至 8，如图 5-7 所示。

步骤 06 ❶ 选择“色调”选项；❷ 拖曳滑块，将其参数调至 28，如图 5-8 所示。

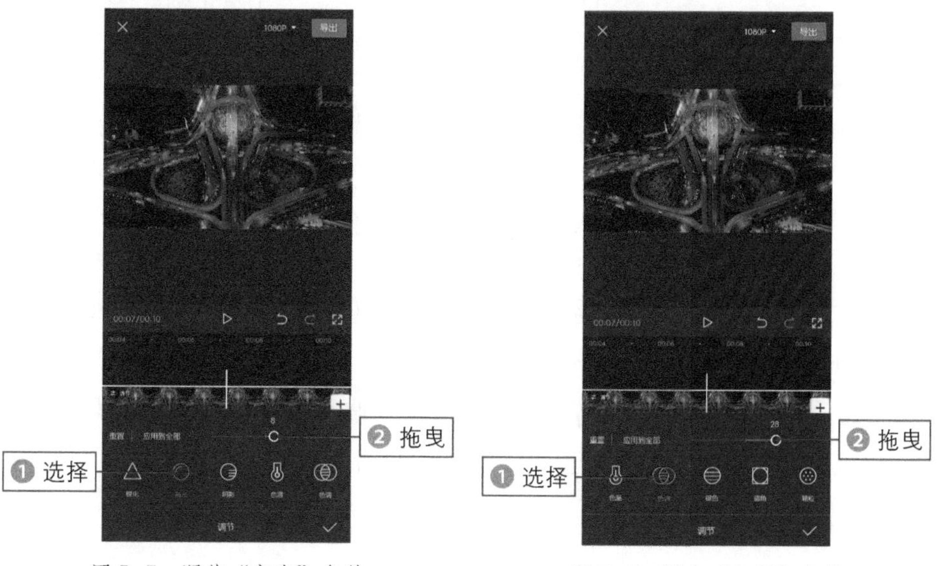

图 5-7　调节“高光”参数　　图 5-8　调节“色调”参数

【效果赏析】：点击“导出”按钮，导出并播放预览视频，效果如图5-9所示。可以看到，调色后的视频中只留下了黑色和金色，画面看上去更有质感，视觉冲击力更强。

图 5-9　预览视频效果

TIPS 031 青橙色调：冷暖色的强烈对比

本节介绍非常火爆的青橙色调，其主要由青色和橙色搭配呈现，一个为冷色调，一个为暖色调，对比效果非常强烈。下面介绍使用剪映 App 调出青橙色调的具体操作方法。

扫码看教程

扫码看成片效果

1. 落叶棕滤镜

“落叶棕”滤镜是“复古”选项卡中的一种滤镜效果，添加该滤镜后，画面色调整体偏复古风格。

步骤 01 在剪映App中导入一段素材，❶选择视频轨道；❷点击“滤镜”按钮，如图5-10所示。

步骤 02 进入“滤镜”界面，❶切换至“复古”选项卡；❷选择“落叶棕”滤镜，如图5-11所示。

步骤 03 返回并点击“调节”按钮，进入“调节”界面，❶选择“亮度”选项；❷拖曳滑块，将其参数调至-19，如图5-12所示。

步骤 04 ❶选择“饱和度”选项；❷拖曳滑块，将其参数调至15，如图5-13所示。

图 5-10 点击“滤镜”按钮

图 5-11 选择“落叶棕”滤镜

图 5-12 调节“亮度”参数

图 5-13 调节“饱和度”参数

步骤 05 ❶选择“光感”选项；❷拖曳滑块，将其参数调至8，如图5-14所示。

步骤 06 ❶选择“锐化”选项；❷拖曳滑块，将其参数调至13，如图5-15所示。

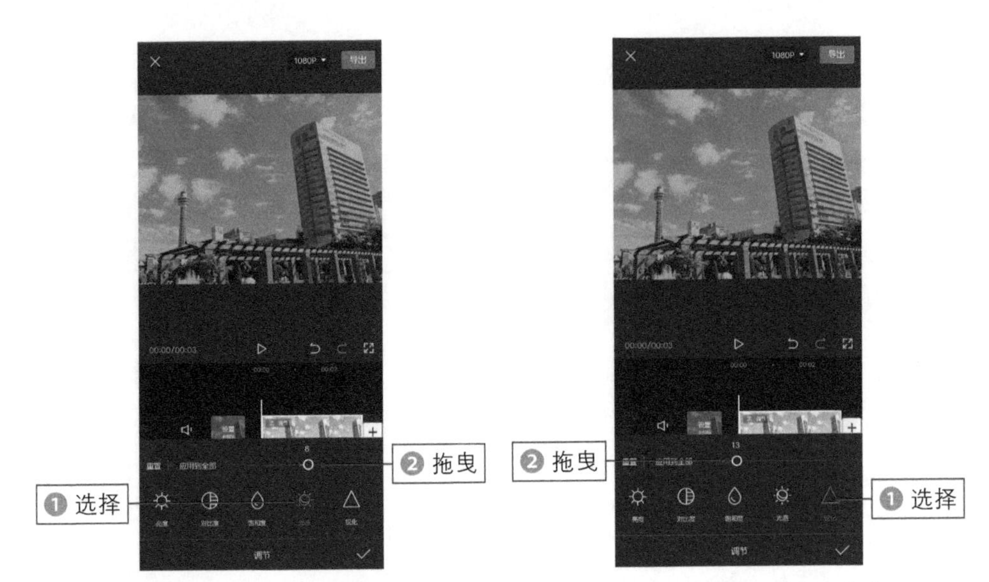

图 5-14　调节“光感”参数　　　　图 5-15　调节“锐化”参数

步骤 07　❶选择“高光”选项；❷拖曳滑块，将其参数调至-15，如图5-16所示。

步骤 08　❶选择“色温”选项；❷拖曳滑块，将其参数调至-29，如图5-17所示。

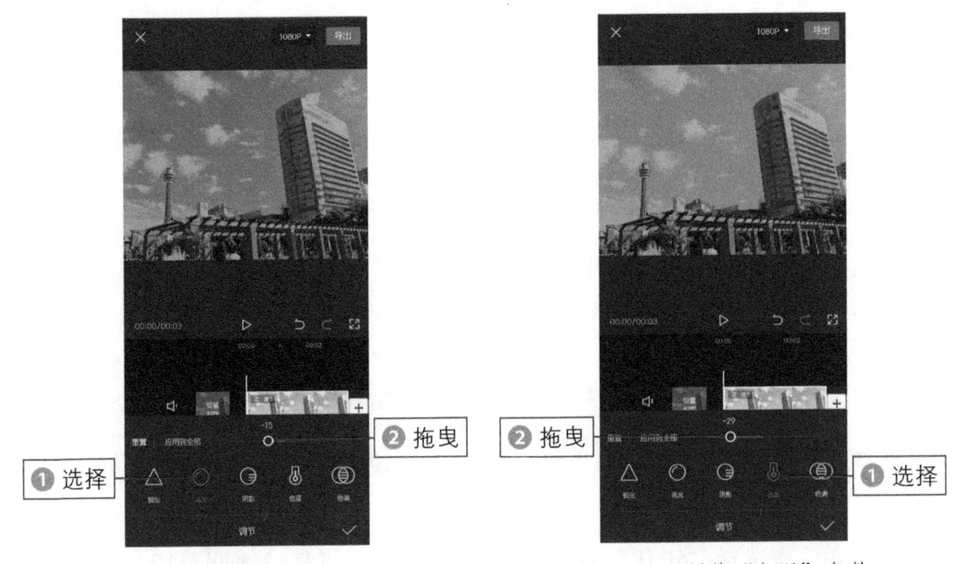

图 5-16　调节“高光”参数　　　　图 5-17　调节“色温”参数

步骤 09　❶选择“色调”选项；❷拖曳滑块，将其参数调至20，如图5-18所示。

步骤 10 ❶依次点击“画中画”按钮和“新增画中画”按钮，再次导入素材；❷在预览区域放大视频画面，使其铺满全屏；❸点击“蒙版”按钮，如图5-19所示。

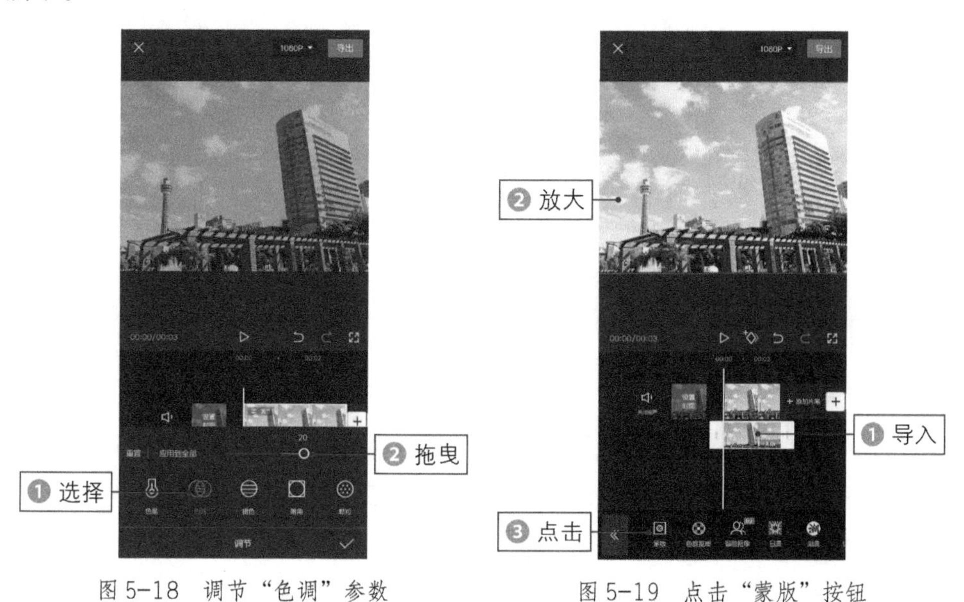

图 5-18　调节“色调”参数　　图 5-19　点击“蒙版”按钮

2. 擦除对比

擦除对比是指移动蒙版来对比画中画视频与原视频，其通常被用于对比画面调色前与调色后的短视频中。

步骤 01 ❶进入“蒙版”界面，选择“线性”蒙版；❷在预览区域顺时针旋转蒙版至 90°，如图 5-20 所示。

步骤 02 在预览区域将蒙版拖曳至画面的最左侧，如图 5-21 所示。

步骤 03 ❶返回并点击按钮，添加一个关键帧；❷拖曳时间轴至 3 秒的位置；❸点击“蒙版”按钮，如图 5-22 所示。

步骤 04 在预览区域将蒙版拖

图 5-20　旋转蒙版

图 5-21　拖曳蒙版

曳至画面的最右侧，如图 5-23 所示。

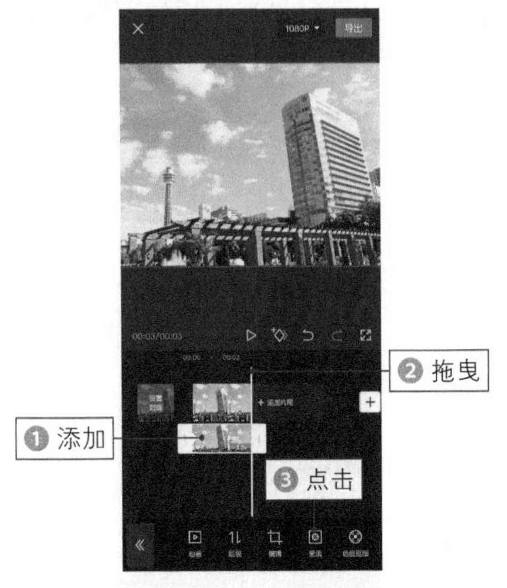

图 5-22 点击“蒙版”按钮

图 5-23 拖曳蒙版

步骤 05 返回并拖曳视频轨道和画中画轨道右侧的白色拉杆，将其时长调整为5s，如图5-24所示。

步骤 06 返回并添加合适的背景音乐，如图5-25所示。

图 5-24 调整视频时长

图 5-25 添加背景音乐

【效果赏析】：点击“导出”按钮，导出并播放预览视频，效果如图5-26所示。可以看到调色后的视频整体呈现出青色、橙色两种颜色，色彩对比鲜明。

图 5-26　预览视频效果

TIPS 032 赛博朋克：霓虹光感暖色点缀

赛博朋克色调偏冷色调，其主要由蓝色和洋红色构成。下面介绍使用剪映 App 调出赛博朋克色调的具体操作方法。

扫码看教程　扫码看成片效果

1. 赛博朋克滤镜

“赛博朋克”滤镜是“风格化”选项卡中的一种滤镜效果，添加该滤镜后基本上已经实现赛博朋克色调，但因场景不同，其表现出来的效果也有所差异，因此还需要根据画面进行更加细致的调节。

步骤 01 在剪映App中连续两次导入同一段素材，❶选择第2段视频轨道；❷点击“滤镜”按钮，如图5-27所示。

步骤 02 进入“滤镜”界面，❶切换至“风格化”选项卡；❷选择“赛博朋克”滤镜，如图5-28所示。

步骤 03 返回并点击“调节”按钮，进入“调节”界面，❶选择“亮度”选项；❷拖曳滑块，将其参数调至10，如图5-29所示。

步骤 04 ❶选择“对比度”选项；❷拖曳滑块，将其参数调至10，如图5-30所示。

图 5-27　点击“滤镜”按钮

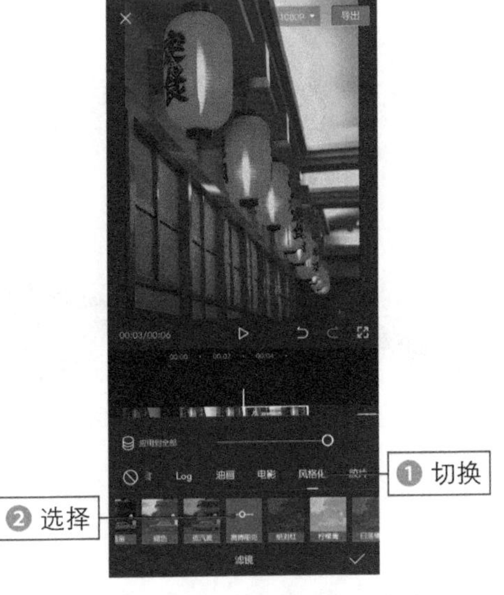

图 5-28　选择“赛博朋克”滤镜

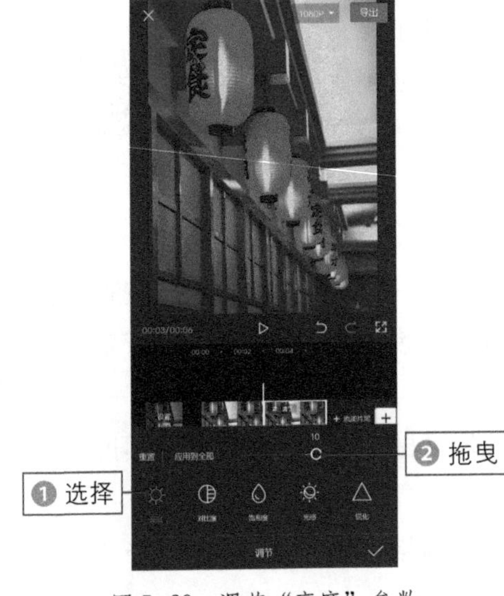

图 5-29　调节“亮度”参数

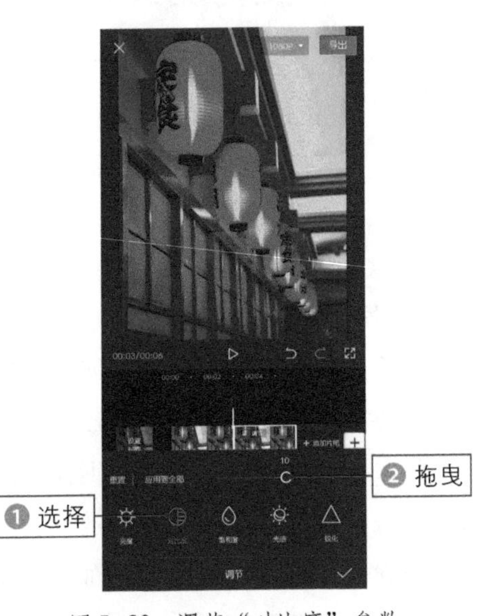

图 5-30　调节“对比度”参数

步骤 05 ❶选择“饱和度”选项；❷拖曳滑块，将其参数调至-15，如图5-31所示。

步骤 06 ❶选择“锐化”选项；❷拖曳滑块，将其参数调至20，如图5-32所示。

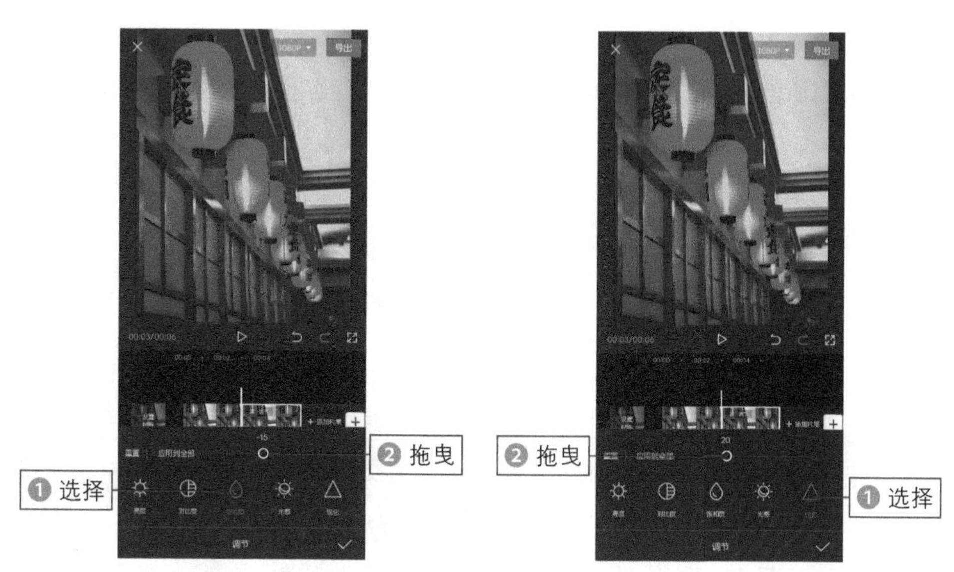

图 5-31　调节“饱和度”参数　　图 5-32　调节“锐化”参数

步骤 07 ①选择“色温”选项；②拖曳滑块，将其参数调至-40，如图5-33所示。

步骤 08 ①选择“色调”选项；②拖曳滑块，将其参数调至30，如图5-34所示。

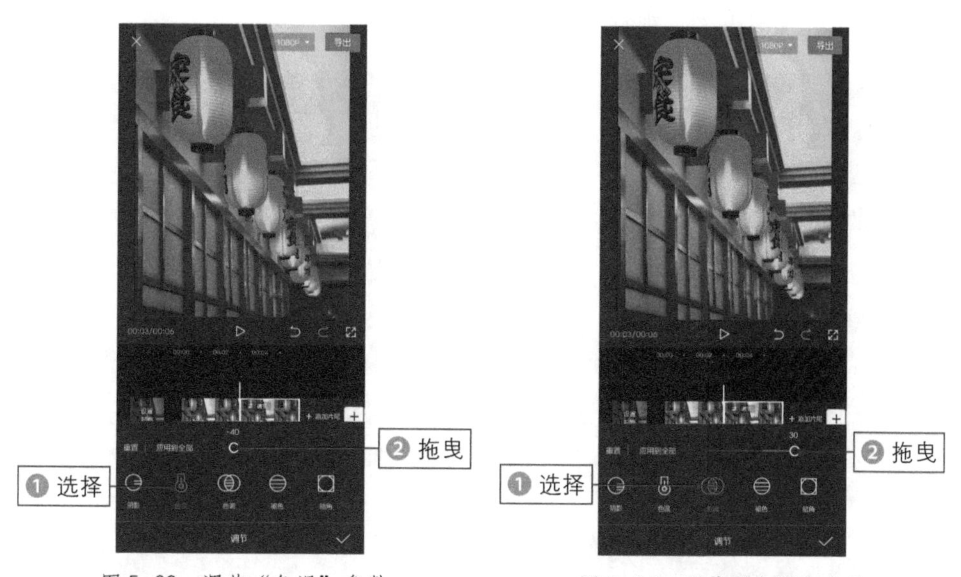

图 5-33　调节“色温”参数　　图 5-34　调节“色调”参数

2. 拍照对比

拍照对比也是一种对比画面调色前后的方法，能够很好地展现画面调色前后的变化。

步骤01 返回并点击转场按钮，进入“转场”界面，❶选择“基础转场”选项卡中的“闪白”转场；❷拖曳滑块，调整转场时长，如图5-35所示。

步骤02 返回并依次点击“音频”按钮和“音效”按钮，❶切换至“机械”选项卡；❷找到“拍照声2”音效，点击“使用”按钮，如图5-36所示。

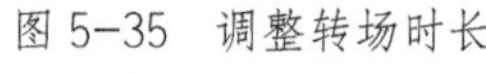

图 5-35 调整转场时长

图 5-36 点击“使用”按钮

【效果赏析】：最后调整音效的出现位置，并添加合适的背景音乐。点击“导出”按钮，导出并播放预览视频，效果如图5-37所示。可以看到，调色后的画面整体偏冷色调，通过暖色灯光加以点缀，视觉冲击力变得非常强烈。

图 5-37 预览视频效果

TIPS● 033 蓝天白云：必备万能调色理论

本节主要介绍一套必备的万能调色理论，它能够满足大部分短视频的基本调色要求。下面介绍使用剪映 App 把灰蒙蒙的天空调出蓝天白云效果的具体操作方法。

扫码看教程　扫码看成片效果

1. 饱和度调节

饱和度能够调节画面的色彩鲜艳程度，所以遇到灰蒙蒙的天空时，最重要的一步就是提高饱和度，让天空的色彩变得更加鲜艳。

步骤 01 在剪映App中导入一段素材，❶选择视频轨道；❷点击工具栏中的“调节”按钮，如图5–38所示。

步骤 02 进入“调节”界面，❶选择“亮度”选项；❷拖曳滑块，将其参数调至–9，如图5–39所示。

图 5–38　点击“调节”按钮

图 5–39　调节“亮度”参数

步骤 03 ❶选择“对比度”选项；❷拖曳滑块，将其参数调至21，如图5–40所示。

步骤 04 ❶选择“饱和度”选项；❷拖曳滑块，将其参数调至40，如图5–41所示。

图 5-40　调节“对比度”参数　　　　图 5-41　调节“饱和度”参数

2. 色温调节

色温可将画面调节为冷色调、暖色调或中性调，这里需要把天空调成蓝色，因此需要通过调节色温将画面整体调为冷色调。

步骤 01 ❶ 选择“锐化”选项；❷ 拖曳滑块，将其参数调至 22，如图 5-42 所示。

步骤 02 ❶ 选择“色温”选项；❷ 拖曳滑块，将其参数调至 -30，如图 5-43 所示。

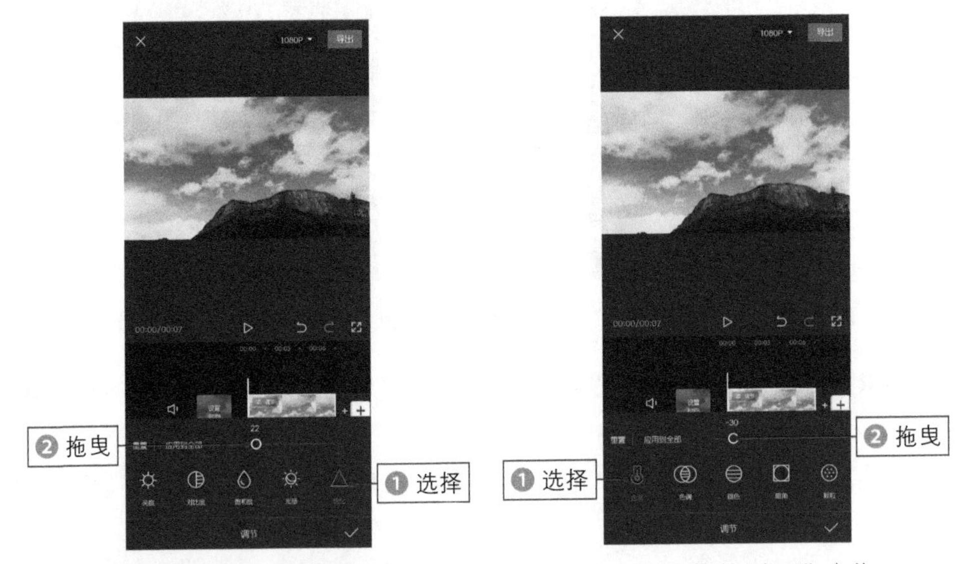

图 5-42　调节“锐化”参数　　　　图 5-43　调节“色温”参数

【效果赏析】：点击“导出”按钮，导出并播放预览视频，效果如图5-44所示。可以看到，经过调色后的天空变成了蓝天白云效果，看起来非常纯洁干净。

图 5-44　预览视频效果

古风色调：色彩浓郁氛围感强

本节介绍非常受欢迎的古风色调，主要偏向于复古暖色调。下面介绍使用剪映 App 调出古风色调的具体操作方法。

扫码看教程　扫码看成片效果

1. 暮色滤镜

“暮色”滤镜是“风景”选项卡中的一种滤镜效果，添加该滤镜后，画面色调整体呈暖暖的粉色调，非常具有少女感。

步骤 01 在剪映App中导入需要调色的素材，❶选择视频轨道；❷点击“滤镜”按钮，如图5-45所示。

步骤 02 进入“滤镜”界面，❶ 选择“风景”选项卡中的“暮色”滤镜；❷ 拖曳滑块，将其参数调整为 50，如图 5-46 所示。

步骤 03 返回并进入“调节”界面，❶选择“亮度”选项；❷拖曳滑块，将其参数调至13，如图5-47所示。

步骤 04 ❶选择“对比度”选项；❷拖曳滑块，将其参数调至17，如图5-48所示。

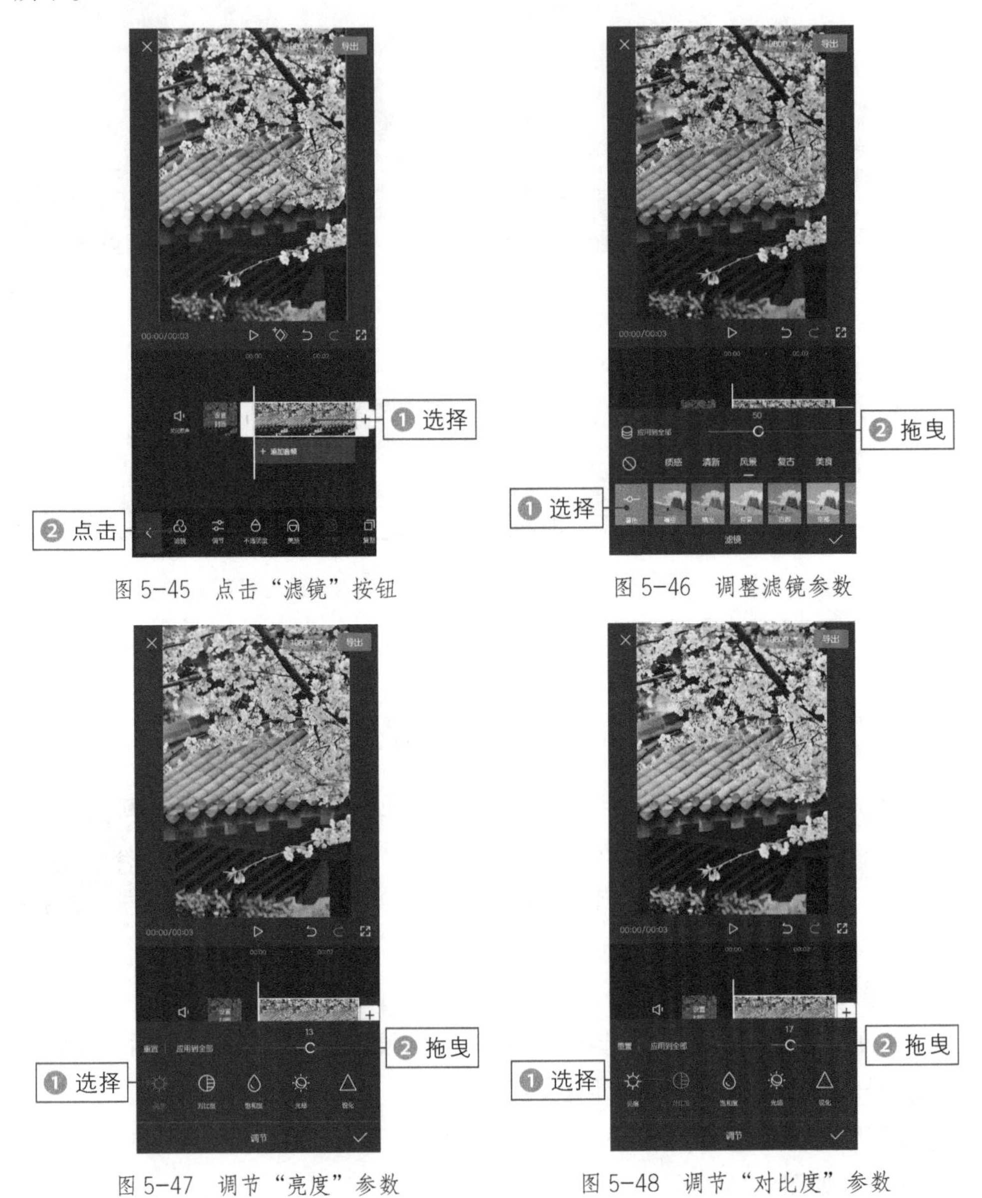

图 5-45　点击“滤镜”按钮

图 5-46　调整滤镜参数

图 5-47　调节“亮度”参数

图 5-48　调节“对比度”参数

2. 锐化调节

锐化能够改善画面的清晰度，当画面模糊时，可以通过调节锐化参数让画面变清晰。但其也有一定的限度，如果调节过度，画面将变得不真实。

步骤 01 ❶选择“饱和度”选项；❷拖曳滑块，将其参数调至12，如图5-49所示。

步骤 02 ❶选择“锐化”选项；❷拖曳滑块，将其参数调至32，如图5-50所示。

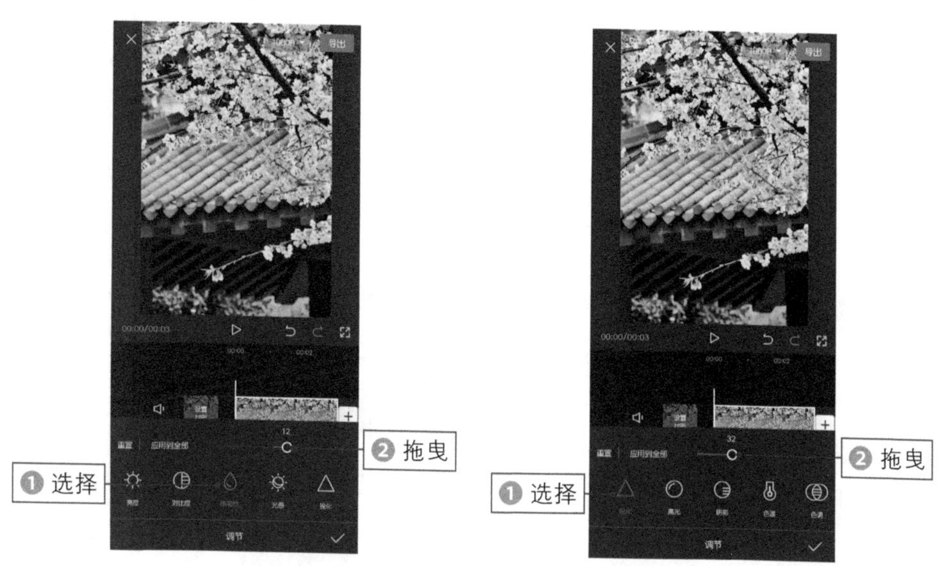

图 5-49　调节“饱和度”参数　　图 5-50　调节“锐化”参数

步骤 03 ❶选择“高光”选项；❷拖曳滑块，将其参数调至13，如图5-51所示。

步骤 04 ❶选择“阴影”选项；❷拖曳滑块，将其参数调至15，如图5-52所示。

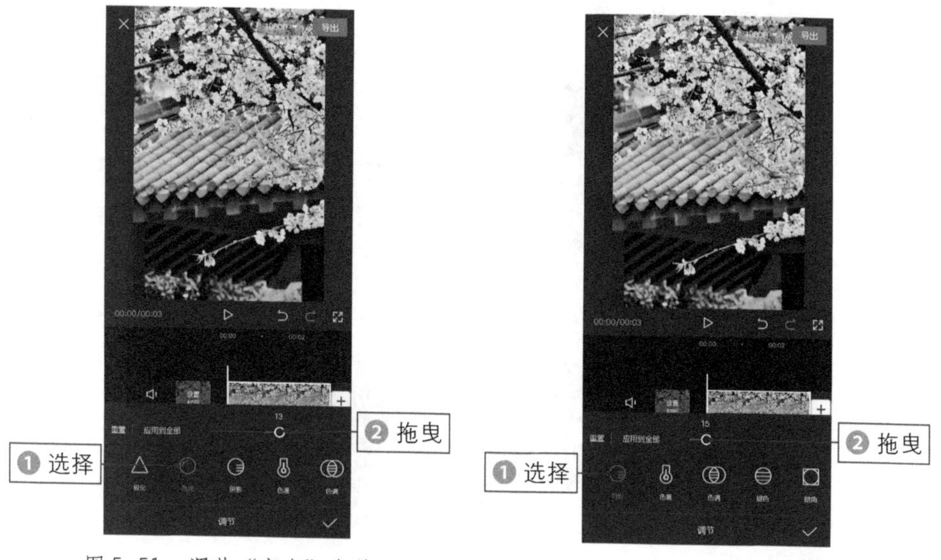

图 5-51　调节“高光”参数　　图 5-52　调节“阴影”参数

步骤 05 ❶选择“色温”选项；❷拖曳滑块，将其参数调至13，如图5-53所示。

步骤 06 点击✓按钮添加调节参数，使用与本书第031节“擦除对比”相同的操作方法，制作其与原图的对比效果，如图5-54所示。

图 5-53 调节“色温”参数

图 5-54 制作对比效果

【效果赏析】：最后添加合适的背景音乐，点击“导出”按钮，导出并播放预览视频，效果如图 5-55 所示。可以看到，调色后的画面色调整体偏暖色调，而且比原来的画面更加清晰透亮。

图 5-55 预览视频效果

TIPS 035

黄昏色调：夕阳静美孤独气氛

很多人都喜欢拍摄黄昏，但因为接近夜晚，光线不是很好，所以拍摄出来的画面往往不尽人意。下面介绍使用醒图 App 调出黄昏色调的具体操作方法。

扫码看教程　扫码看成片效果

1. 醒图

醒图 App 是一款专门用于修图的软件，它的功能非常强大且全面。

步骤 01 打开醒图App，点击“导入图片”按钮，如图5-56所示。

步骤 02 进入“全部照片”界面，选择需要调色的图片，如图 5-57 所示。

图 5-56　点击“导入图片”按钮

图 5-57　选择图片

2. 落日橙滤镜

“落日橙”滤镜是“油画”选项卡中的一种滤镜效果，添加该滤镜后，画面主要呈现暖色调。

步骤 01 执行操作后直接进入“滤镜”界面，❶ 切换至“油画”选项卡；❷ 选择“落日橙”滤镜；❸ 点击工具栏中的“调节”按钮，如图 5-58 所示。

步骤 02 进入“调节”界面，点击“智能优化”按钮，如图 5-59 所示。

图 5-58　点击“调节”按钮

图 5-59　点击“智能优化”按钮

3. 色调调节

色调分为冷色调、暖色调及中性调，为了让落日的橙色更加明显，可以通过调节色调来加强暖色调的效果。

步骤 01 ❶ 选择“光感”选项；❷ 拖曳滑块，将其参数调至 50，如图 5-60 所示。

步骤02 ❶选择“亮度”选项；❷拖曳滑块，将其参数调至10，如图5-61所示。

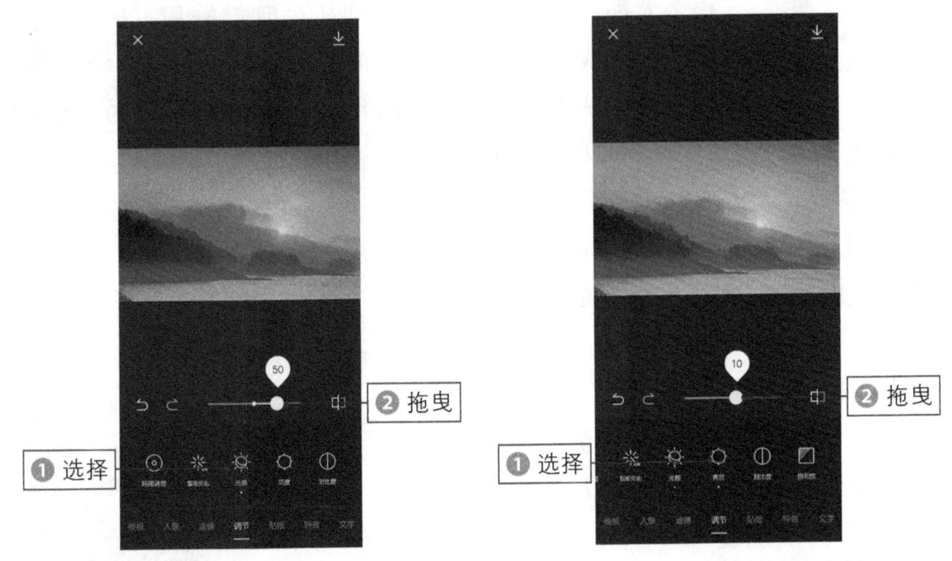

图 5-60　调节“光感”参数　　　　图 5-61　调节“亮度”参数

步骤03 ❶选择“饱和度”选项；❷拖曳滑块，将其参数调至50，如图5-62所示。

步骤04 ❶选择“高光”选项；❷拖曳滑块，将其参数调至-51，如图5-63所示。

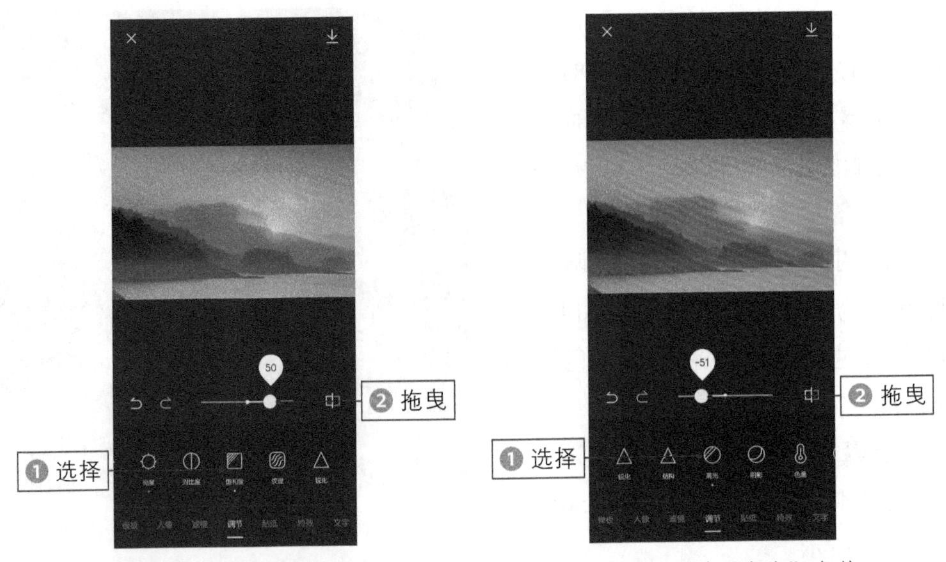

图 5-62　调节“饱和度”参数　　　　图 5-63　调节“高光”参数

步骤 05 ❶选择“色温”选项；❷拖曳滑块，将其参数调至28，如图5-64所示。

步骤 06 ❶选择“色调”选项；❷拖曳滑块，将其参数调至43；❸点击⬇按钮导出图片，如图5-65所示。

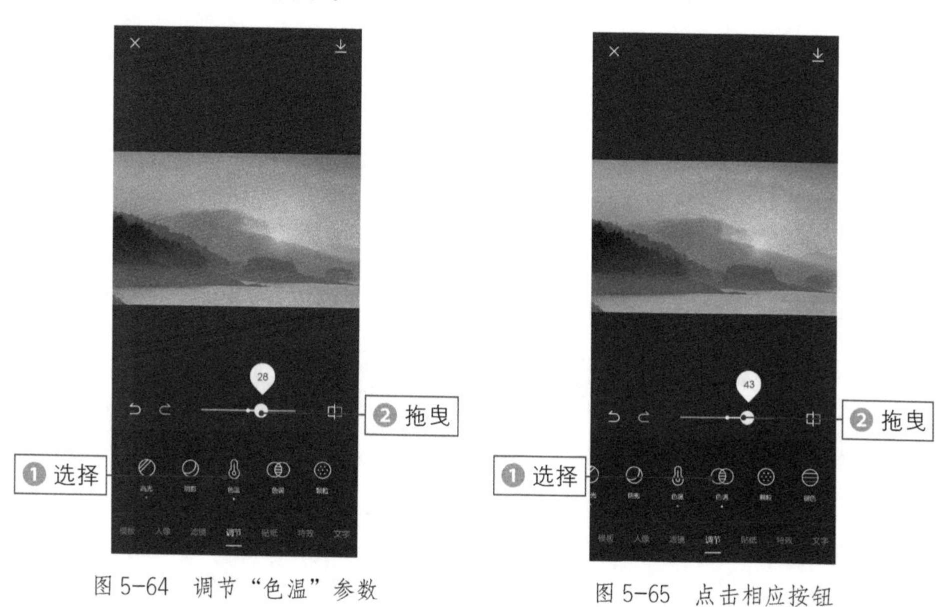

图 5-64　调节“色温”参数　　图 5-65　点击相应按钮

4. 对比

在醒图App中只能调节图片，如果想要对比调色前后的图片效果，并将其制作成视频，我们可以再导入剪映 App 中进行制作。

步骤 01 在剪映App中导入原图与效果图，将原图时长设置为1.5s。点击“比例”按钮，进入比例界面，选择9:16选项，如图5-66所示。

步骤 02 依次点击“背景”按钮和“画布模糊”按钮，❶选择第2个模糊效果；❷点击“应用到全部”按钮，如图5-67所示。

图 5-66　选择 9:16 选项

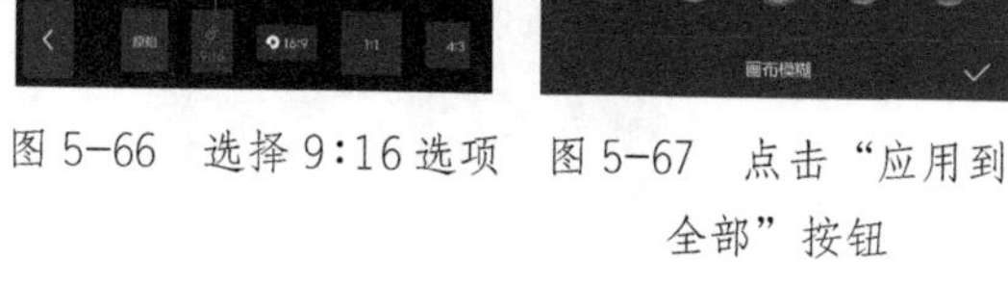

图 5-67　点击“应用到全部”按钮

步骤 03 点击✓按钮返回，❶点击“特效”按钮，为原图的视频轨道添加一个“基础”选项卡中的“变清晰”特效；❷点击转场按钮▯，如图5-68所示。

步骤 04 ❶选择“幻灯片”选项卡中的“回忆Ⅱ”转场；❷拖曳滑块，将转场时长调整为0.5s，如图5-69所示。

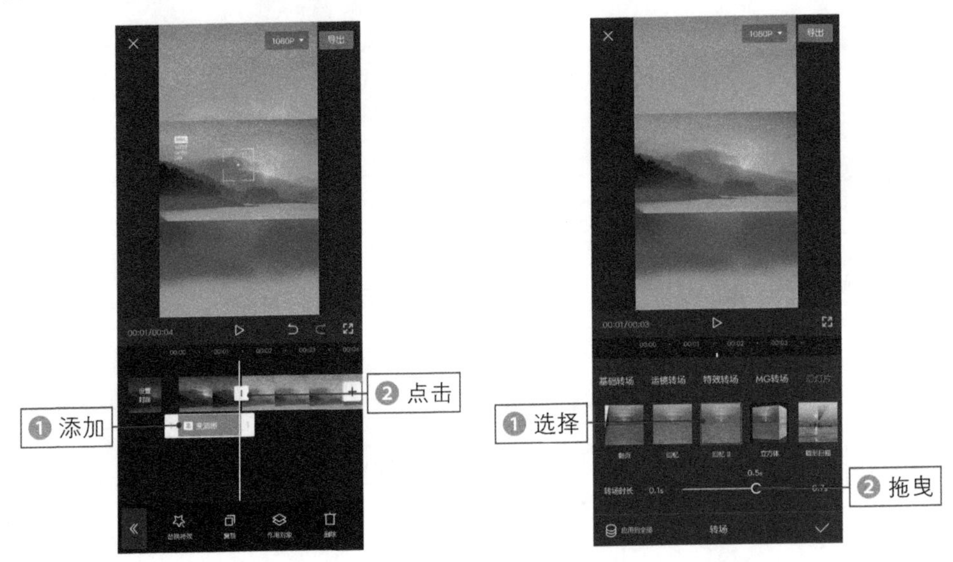

图 5-68　点击转场按钮　　图 5-69　调整转场时长

【效果赏析】：最后添加合适的背景音乐，点击“导出”按钮，导出并播放预览视频，效果如图 5-70 所示。可以看到，调色前的画面灰蒙暗淡，调色后的画面整体呈现橙色调，看上去非常温暖。

图 5-70　预览视频效果

TIPS 036 蓝冰色调：夏日凉爽的冷色调

蓝冰色调是一种比较小众的色调，非常适合用来调节带有灯带的夜景。下面介绍使用 Lightroom App 调出蓝冰色调的具体操作方法。

扫码看教程

扫码看成片效果

1. Lightroom

Lightroom App 也是一款图片后期处理软件，能够帮助用户快速美化图片，非常方便实用。

步骤 01 在手机屏幕上点击 Lightroom 图标，打开 Lightroom App，如图 5-71 所示。

步骤 02 进入主界面，点击“所有照片”按钮，如图 5-72 所示。

步骤 03 ❶ 点击按钮进入“时间”界面；❷ 选择需要调色的图片；❸ 点击“添加”按钮，如图 5-73 所示。

图 5-71 点击相应图标

图 5-72 点击“所有照片”按钮

步骤 04 执行操作后成功导入图片，点击图片缩略图，如图5-74所示。

图 5-73 点击“添加”按钮

图 5-74 点击图片缩略图

2. 亮度

当所导入的图片比较暗或者黑时，可以通过调节亮度来提高图片的亮度。

步骤 01 执行操作后进入“编辑”界面，点击“亮度”按钮，如图5–75所示。

步骤 02 在“亮度”选项卡中拖曳“曝光度”选项右侧的滑块，将其参数调节为0.13EV，如图 5–76 所示。

步骤 03 采用同样的操作方法，调节其余的亮度参数，如图 5–77 所示。

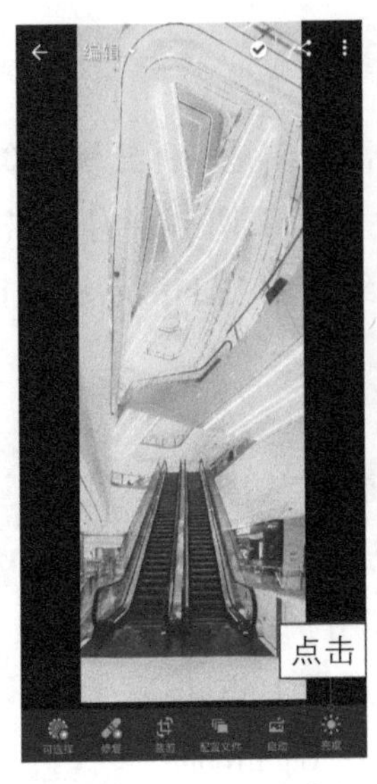

图 5–75 点击“亮度”按钮

图 5–76 调节“曝光度”参数

步骤 04 ❶ 切换至“颜色”选项卡；❷ 调节“色温”“色调”“自然饱和度”“饱和度”参数，如图 5–78 所示。

步骤 05 点击“混合”按钮，如图5–79所示。

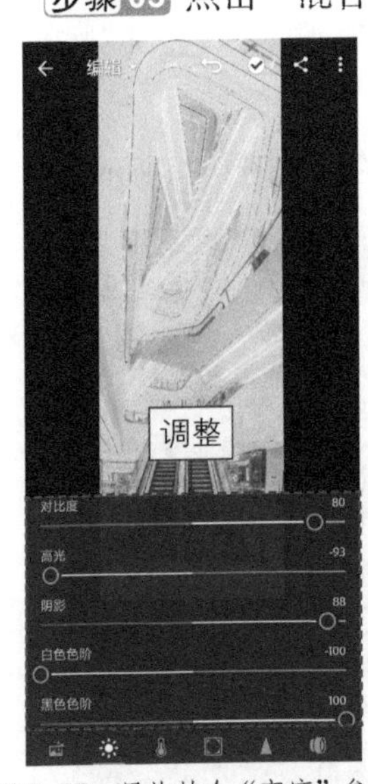

图 5–77 调节其余“亮度”参数

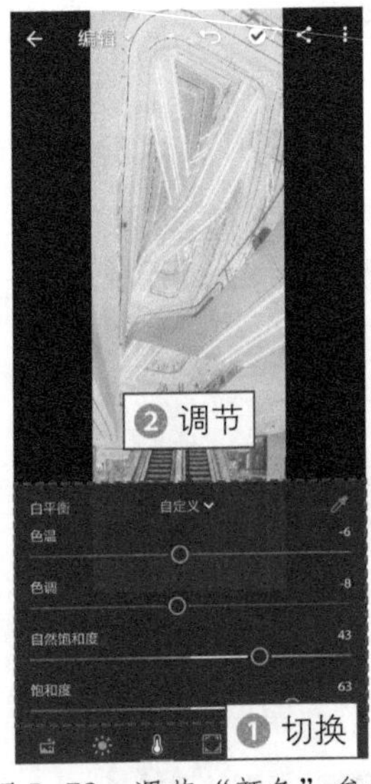

图 5–78 调节“颜色”参数

图 5–79 点击“混合”按钮

3. 混色

混色包括色相、饱和度及明亮度，属于局部调色工具，通过调节这 3 个参数，可以更加精准地调色。

步骤 01 执行操作后进入“混色”界面，调节各颜色的“色相”、“饱和度”及“明亮度”参数，如图5-80所示。

图 5-80　调节“混色”参数

步骤 02 各参数调节完成后，点击“完成”按钮，❶ 切换至“效果”选项卡；❷ 调节“清晰度”和“去朦胧”参数，如图 5-81 所示。

步骤 03 切换至“细节”选项卡，调节“锐化”、“减少杂色”及“平滑度”参数，如图 5-82 所示。

图 5-81　调节“效果”参数

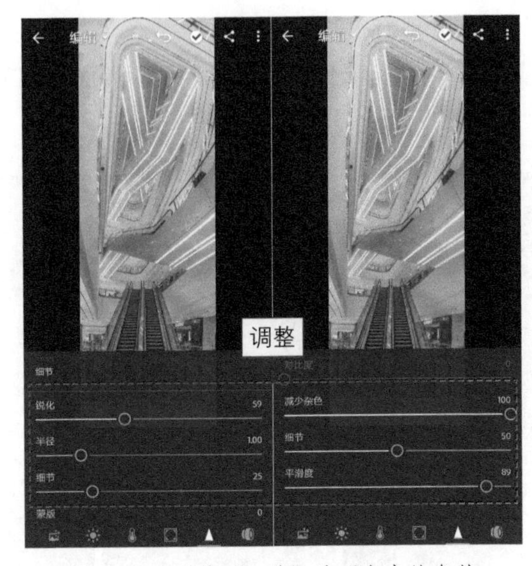

图 5-82　调节“细节”选项卡中的参数

步骤 04 ❶点击<按钮；❷选择“保存至设备”选项，即可导出图片，如图5-83所示。

【效果赏析】: 可以看到，调色后的图片只保留了蓝色，给人一种冰凉清爽的感觉，调色效果如图 5-84 所示。

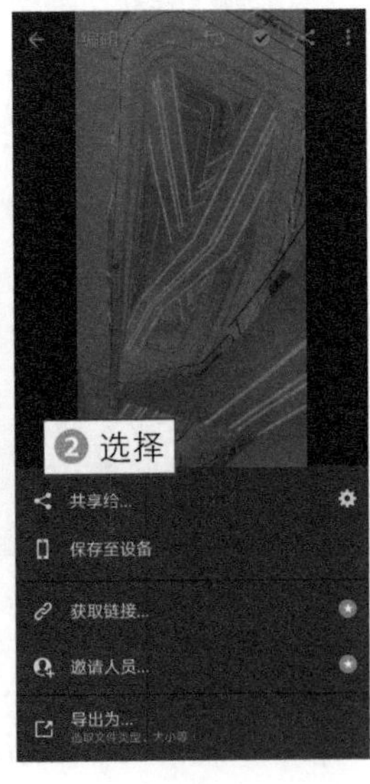

图 5-83　选择“保存至设备”选项

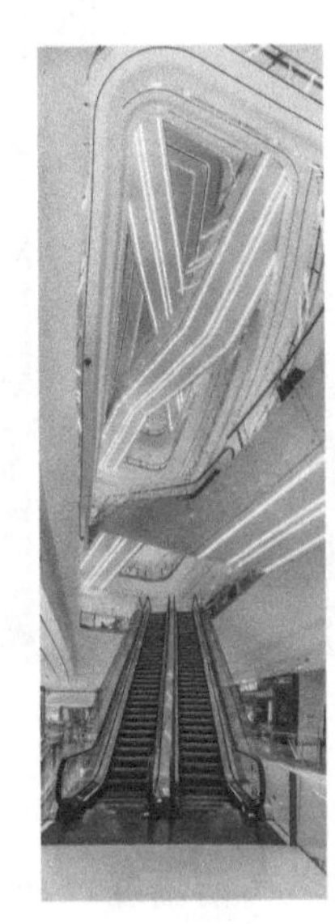

图 5-84　预览调色效果

第6章

动感卡点：听觉与视觉的冲击

卡点视频是短视频中非常火爆的一种类型，其制作方法相对于其他视频而言比较容易，但效果却很好。制作卡点视频，最重要的一点就是对节奏的把控。本章将介绍荧光线描卡点、万有引力卡点、旋转立方体卡点、色彩渐变卡点、百花齐放卡点、多屏卡点、照相机卡点及抖动卡点等 8 种热门卡点短视频的制作方法，帮助用户快速制作出百万点赞的短视频。

TIPS 037 荧光线描卡点：线描与漫画相撞

扫码看教程

扫码看成片效果

火遍全网的荧光线描卡点短视频看似很难制作，其实非常简单。下面介绍使用剪映App制作荧光线描卡点短视频的具体操作方法。

1. 踩节拍Ⅰ

"踩节拍Ⅰ"是音频踩点中的一种踩点方法，利用它能够让用户在制作卡点视频时更方便卡点。

步骤01 在剪映App中导入4段素材，并添加合适的卡点音乐，❶选择音频轨道；❷点击"踩点"按钮，如图6-1所示。

步骤02 进入"踩点"界面，❶点击"自动踩点"按钮；❷选择"踩节拍Ⅰ"选项，如图6-2所示。

图6-1 点击"踩点"按钮

图6-2 选择"踩节拍Ⅰ"选项

2. 荧光线描特效

"荧光线描"特效是"漫画"选项卡中的一种特效，利用它把画面中的线条变成荧光色。

步骤01 点击✓按钮返回，❶拖曳第1段视频轨道右侧的白色拉杆，使其对准音频轨道中的第1个节拍点；❷点击工具栏中的"复制"按钮，如图6-3所示。

步骤02 点击《按钮返回，❶拖曳时间轴至第1段视频轨道的起始位置；❷点击"特效"按钮，如图6-4所示。

图6-3 点击"复制"按钮

图6-4 点击"特效"按钮

步骤 03 切换至“漫画”选项卡，选择“荧光线描”特效，如图6-5所示。

步骤 04 点击✓按钮添加特效，拖曳特效轨道右侧的白色拉杆，调整特效的持续时长，使其与第1段视频轨道的时长保持一致，如图6-6所示。

图 6-5　选择“荧光线描”特效

图 6-6　调整特效的持续时长

步骤 05 点击«按钮返回，点击“新增特效”按钮，如图6-7所示。

步骤 06 切换至“氛围”选项卡，选择“星火炸开”特效，如图6-8所示。

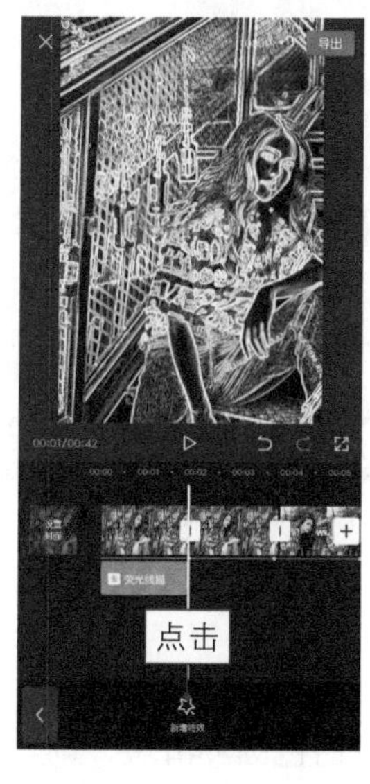

图 6-7　点击“新增特效”按钮

图 6-8　选择“星火炸开”特效

步骤 07 点击✓按钮返回，拖曳第2段特效轨道右侧的白色拉杆，使其对准音频轨道上的第2个节拍点，❶选择第2段视频轨道；❷拖曳其右侧的白色拉杆，调整视频时长，使其也对准音频轨道上的第2个节拍点，如图6-9所示。

图6-9 调整视频时长

图6-10 点击“新增画中画”按钮

步骤 08 点击«按钮返回，❶拖曳时间轴至起始位置；❷依次点击“画中画”按钮和“新增画中画”按钮，如图6-10所示。

3. 滤色

“滤色”是一种混合模式，添加该模式后能够让画面变亮，并去掉画面中的深色部分。

步骤 01 再次导入第1段素材，❶拖曳其右侧的白色拉杆与第1段视频轨道对齐；❷在预览区域调整画中画视频的画面大小，使其铺满屏幕；❸点击下方工具栏中的“漫画”按钮，如图6-11所示。

步骤 02 生成漫画效果后，点击“混合模式”按钮，在混合模式菜单中选择“滤色”选项，如图6-12所示。

图6-11 点击“漫画”按钮

图6-12 选择“滤色”选项

步骤 03 点击✓按钮返回，❶选择第1段视频轨道；❷依次点击“动画”按钮和“入场动画”按钮，如图6-13所示。

步骤 04 ❶选择“向右滑动”动画效果；❷拖曳白色圆环滑块，调整动画时长，使其与第1段视频时长保持一致，如图6-14所示。

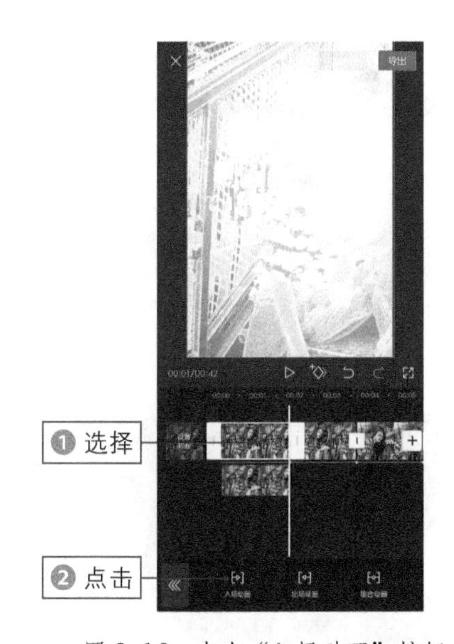

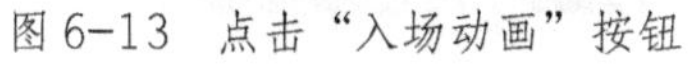

图 6-13　点击“入场动画”按钮　　　图 6-14　调整动画时长

步骤 05 ❶选择第1段画中画轨道；❷依次点击“动画”按钮和“入场动画”按钮，如图6-15所示。

步骤 06 ❶选择“向左滑动”动画效果；❷拖曳白色圆环滑块，调整动画时长，使其与第1段画中画视频时长保持一致，如图6-16所示。

图 6-15　点击“入场动画”按钮　　　图 6-16　调整动画时长

【效果赏析】：采用同样的操作方法，分别为后面的视频素材添加特效和动画效果。点击“导出”按钮，即可导出并播放预览视频，效果如图 6-17 所示。可以看到荧光线人物和漫画人物伴随着卡点音乐，分别从左右两边滑出，在播放到第一个节拍点时，两个画面相撞后星火炸开，真实人物出现在画面中。

图 6-17 预览视频效果

万有引力卡点：踩点甩入的效果

扫码看教程 扫码看成片效果

万有引力卡点短视频非常火爆，制作起来非常简单，即使是新手也能快速学会。下面介绍使用剪映 App 制作万有引力卡点短视频的具体操作方法。

1. 踩点

“踩点”是剪映 App 中的一个自动为音频添加节拍点的功能，使用户在制作卡点视频时非常方便。

步骤 01 在剪映App中导入5段素材，并添加相应的背景音乐，如图6–18所示。

步骤 02 ❶ 选择音频轨道；❷ 点击“踩点”按钮，如图 6–19 所示。

步骤 03 进入“踩点”界面，拖曳时间轴至节拍点的位置，点击[+添加点]按钮，添加节拍点，如图 6–20 所示。

图 6–18　添加背景音乐　图 6–19　点击“踩点”按钮

步骤 04 ❶为音频添加所有的节拍点；❷点击[✓]按钮，如图6–21所示。

图 6–20　添加节拍点

图 6–21　点击相应按钮

步骤 05 返回主界面后，❶ 选择第 1 段视频轨道；❷ 拖曳其右侧的白色拉杆，调整视频时长，使其对准音频轨道上的第 1 个节拍点，如图 6–22 所示。

步骤 06 采用同样的操作方法，将后面的视频片段也对齐相应的节拍点，并调整每个视频片段的时长，如图6–23所示。

图 6–22 调整视频时长

图 6–23 调整视频片段时长

2. 雨刷动画

“雨刷”动画是一种视频“入场动画”，添加该动画后，画面像雨刷一样从右上角快速刷入。

步骤 01 ① 选择第 2 段视频轨道；② 依次点击“动画”按钮和“入场动画”按钮，如图 6–24 所示。

步骤 02 ①在入场动画选项卡中选择“雨刷”动画效果；②拖曳白色圆环滑块，适当调整动画时长，如图6–25所示。

步骤 03 采用同样的操作方法，为后面 3 段视频素材添加同样的动画效果，点击✓按钮，① 拖曳时间轴至起始位置；② 点击“特效”按钮，如图 6–26

图 6–24 点击“入场动画”按钮

图 6–25 调整动画时长

所示。

步骤 04 在“基础”选项卡中选择“变清晰”特效，点击✓按钮添加特效，拖曳特效轨道右侧的白色拉杆，调整特效的持续时长，使其与第1段视频素材的时长保持一致，如图6–27所示。

图 6–26　点击“特效”按钮

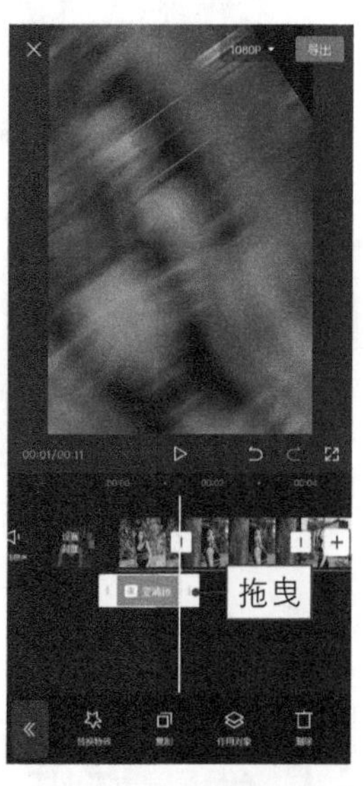

图 6–27　调整特效的持续时长

步骤 05 点击«按钮返回，点击“新增特效”按钮，添加一个“星火炸开”特效。拖曳特效轨道右侧的白色拉杆，调整特效的持续时长，使其与第 2 段视频轨道的时长保持一致，如图 6–28 所示。

步骤 06 采用同样的操作方法，为后面3段视频素材添加同样的特效，如图6–29所示。

【效果赏析】：点击“导出”按钮，导出并播放预览视频，效果如图 6–30 所示。可以看到第 1 段视频跟随卡点音乐从模糊变

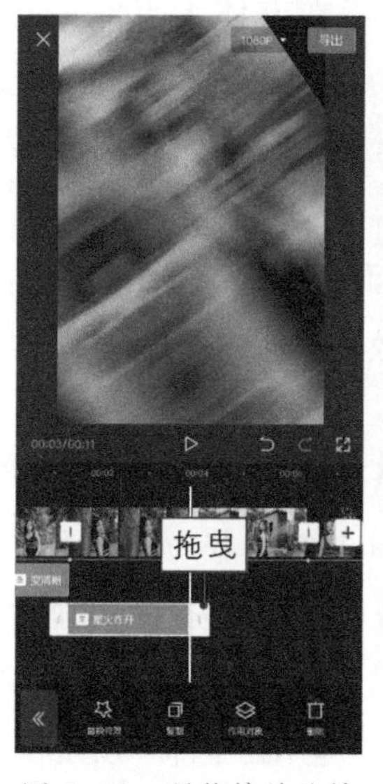

图 6–28　调整特效的持续时长

图 6–29　添加特效

清晰，后面 4 段视频从画面外刷入画面内。

图 6–30　预览视频效果

旋转立方体卡点：炫酷的霓虹灯

扫码看教程

扫码看成片效果

旋转立方体卡点是一个非常炫酷的卡点短视频。下面介绍使用剪映 App 制作旋转立方体卡点短视频的具体操作方法。

1. 画布比例

画布比例是指画面的占比，合适的画面占比更能为短视频加分。画面比例改变后，有些地方是没有背景的，所以还需要设计背景。

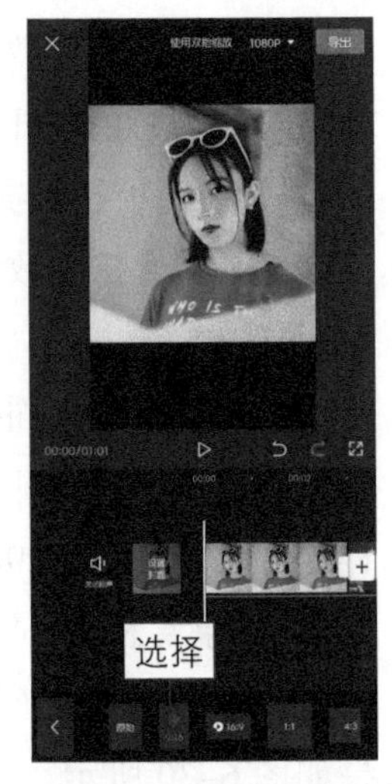

图 6–31　选择 9∶16 选项

步骤 01 在剪映 App 中导入 6 段素材，并添加卡点音乐，在“比例”菜单中选择 9∶16 选项，如图 6–31 所示。

步骤 02 依次点击“背景”按钮和“画布模糊”按钮，在“画布模糊”界面中选择第 1 个模糊效果，如图 6–32 所示。

步骤 03 依次点击“应用到全部”按钮和✓按钮，选择音频轨道，点击“踩点”按钮，进入“踩点”界面，❶点击“自动踩点”按钮；❷选择“踩节拍 I”选项，如图 6–33 所示。

步骤 04 点击按钮添加节拍点，①选择第1段视频轨道；②拖曳其右侧的白色拉杆，调整视频时长，使其与第1个节拍点对齐，如图6-34所示。

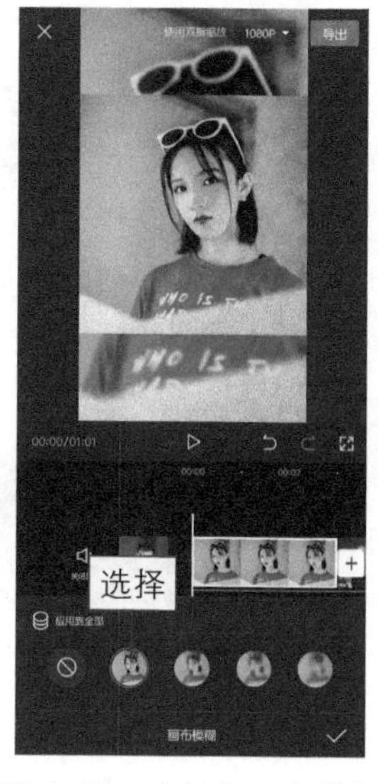

图 6-32　选择第 1 个模糊效果

图 6-33　选择“踩节拍Ⅰ”选项

图 6-34　调整视频时长

步骤 05 采用同样的操作方法，将后面的视频片段也对齐相应的节拍点，① 选择第 1 段视频轨道；② 在“蒙版”界面中选择“镜面”蒙版；③ 在预览区域旋转蒙版，使其垂直，并拖曳按钮，调整羽化值，将其拉到最大，如图 6-35 所示。

步骤 06 点击按钮添加蒙版，点击“动画”按钮，在“组合动画”菜单中选择“立方体”动画效果，如图6-36所示。

图 6-35　调整羽化值

图 6-36　选择“立方体”动画效果

2. 霓虹灯特效

“霓虹灯”特效是“动感”选项卡中的一种特效，添加该特效后，画面周围会出现一圈抖动变色的霓虹灯。

步骤 01 点击✓按钮返回主界面，点击“特效”按钮，在“动感”选项卡中选择“霓虹灯”特效，如图 6-37 所示。

步骤 02 点击✓按钮返回，调整特效轨道的持续时长，使其与第 1 段视频轨道保持一致，如图 6-38 所示。

【效果赏析】：采用同样的操作方法，为其余视频素材添加蒙版和特效。点击“导出”按钮，即可导出并播放预览视频，效果如图 6-39 所示。可以看到画面中的人像呈立方体旋转，在卡点位置向前推进。

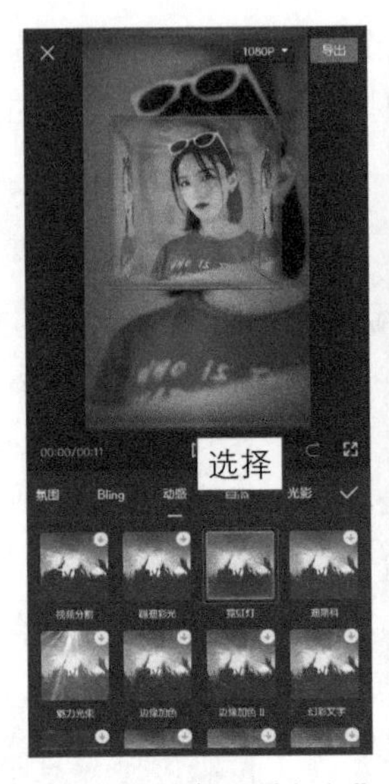

图 6-37 选择“霓虹灯”特效

图 6-38 调整特效时长

图 6-39 预览视频效果

TIPS● 040 色彩渐变卡点：关键帧褪色效果

色彩渐变卡点短视频是指画面随着音乐节奏，从没有色彩逐渐出现色彩的一种卡点效果。下面介绍使用剪映 App 制作色彩渐变卡点短视频的具体操作方法。

扫码看教程

扫码看成片效果

1. 关键帧

视频是由一帧一帧的图片组成的，如果想要让画面中的某个因素呈现一个变化效果，只需用关键帧分别标记一个起始位置和一个结束位置即可实现。

步骤 01 在剪映App中导入素材，并添加卡点音乐，❶选择音频轨道；❷点击“踩点”按钮，如图6-40所示。

步骤 02 进入“踩点”界面，❶点击“自动踩点”按钮；❷选择“踩节拍Ⅰ”选项，如图6-41所示。

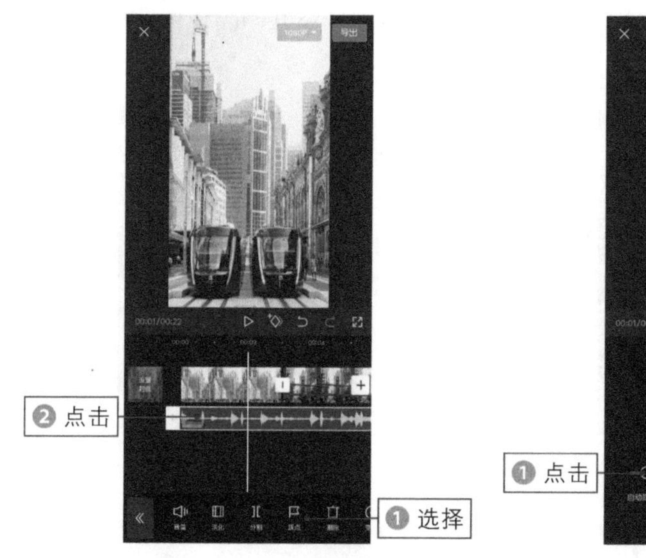

图 6-40　点击“踩点”按钮

图 6-41　选择“踩节拍Ⅰ”选项

步骤 03 点击✓按钮返回，❶拖曳时间轴至第2个节拍点的位置；❷选择第1段视频轨道；❸拖曳其右侧的白色拉杆，调整视频时长，使其与第2个节拍点对齐，如图6-42所示。

步骤 04 采用同样的操作方法，调整后面两段素材的视频时长，如图6-43所示。

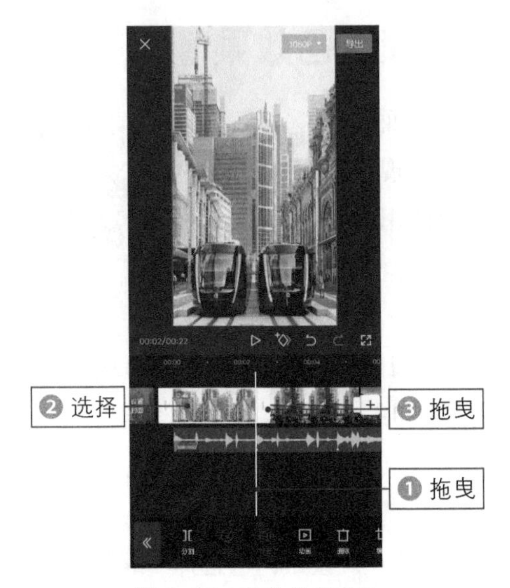

图 6-42　调整视频时长

图 6-43　调整后面两段素材的时长

步骤 05 ❶ 选择第 1 段视频轨道；❷ 拖曳时间轴至其中间位置；❸ 点击按钮，如图 6-44 所示。

步骤 06 ❶生成一个关键帧；❷点击“滤镜”按钮，如图6-45所示。

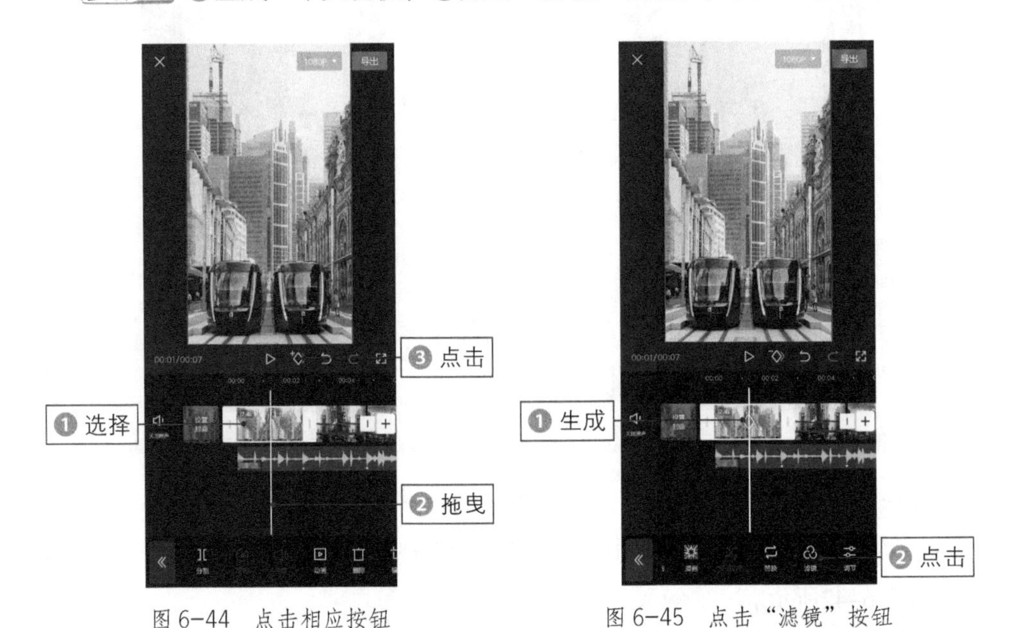

图 6-44　点击相应按钮

图 6-45　点击“滤镜”按钮

2. 褪色滤镜

“褪色”滤镜是“风格化”选项卡中的一种滤镜效果，顾名思义，添加该效果后，画面中的颜色将被褪去，最终变成黑白色调。

步骤 01 进入“滤镜”界面，在“风格化”选项卡中选择“褪色”滤镜，如图6–46所示。

步骤 02 点击✓按钮返回，❶ 拖曳时间轴至第 1 个视频轨道的结尾；❷ 再次点击“滤镜”按钮，如图 6–47 所示。

步骤 03 向左拖曳“滤镜”界面上方的滑块，将滤镜的应用程度参数调至0，如图6–48所示。

步骤 04 点击✓按钮返回，自动生成一个关键帧，如图 6–49 所示。

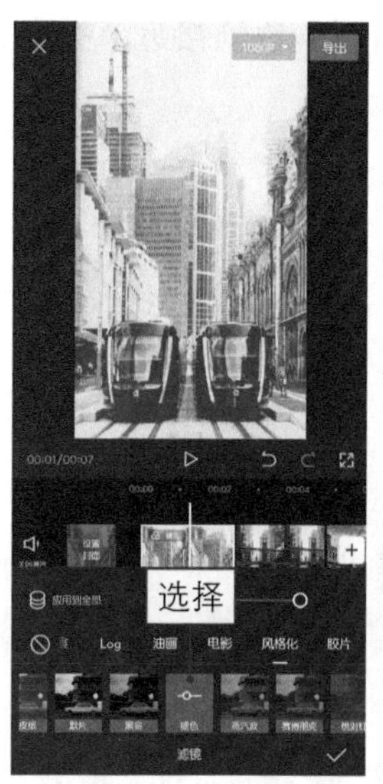

图 6–46 选择“褪色”滤镜

图 6–47 点击“滤镜”按钮

图 6–48 调整滤镜参数

图 6–49 自动生成关键帧

【效果赏析】：采用同样的操作方法，为另外两段素材添加关键帧。点击“导出”按钮，即可导出并播放预览视频，效果如图6–50所示。可以看到画面原本是没有色彩的，随着音乐逐渐接近节拍点，色彩慢慢呈现。

图 6-50　预览视频效果【摄影师：余航（鱼头 YUTOU）】

★ 专 家 提 醒 ★

余航（鱼头 YUTOU）是视觉中国签约摄影师、美国 Getty image 签约摄影师、国家地理供稿摄影师、百度图片入驻摄影师、中国摄影家协会会员，对于风光、建筑、慢门摄影及相关的后期处理技术都非常精通。读者如果想深入学习慢门与建筑摄影的结合技术，可以看看余航（鱼头 YUTOU）出版的这本著作——《城市建筑风光摄影与后期全攻略》，在这本书中详细介绍了城市建筑风光摄影作品的拍摄技法。

TIPS• 041 百花齐放卡点：动感缩放的效果

百花齐放卡点短视频是由多段素材制作，而成的画面非常具有动感，节奏性也很强烈。下面介绍使用剪映 App 制作百花齐放卡点短视频的具体操作方法。

扫码看教程

扫码看成片效果

1. 踩节拍 II

"踩节拍 II"是音频踩点中的另一种踩点方法，添加该踩点方法后，节拍点会更密集，适合用在快节奏的卡点中。

步骤 01 在剪映App中导入24段素材，并添加卡点音乐，❶选择音频轨道；❷点击"踩点"按钮，如图6-51所示。

步骤 02 进入"踩点"界面，❶ 点击"自动踩点"按钮；❷ 并选择"踩节拍 II"选项，如图 6-52 所示。

步骤 03 点击✓按钮返回，❶ 拖曳时间轴至第 1 个节拍点的位置；❷ 选择第 1 段视频轨道；❸ 点击"分割"按钮，如图 6-53 所示。

步骤 04 删除第 1 段视频轨道中多余的部分，采用同样的操作方法，调整后面 23 段素材的时长，使其对齐每个节拍点，如图 6-54 所示。

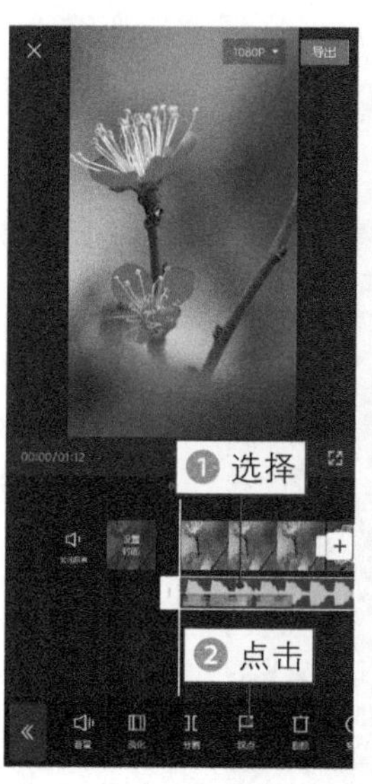

图 6-51　点击"踩点"按钮

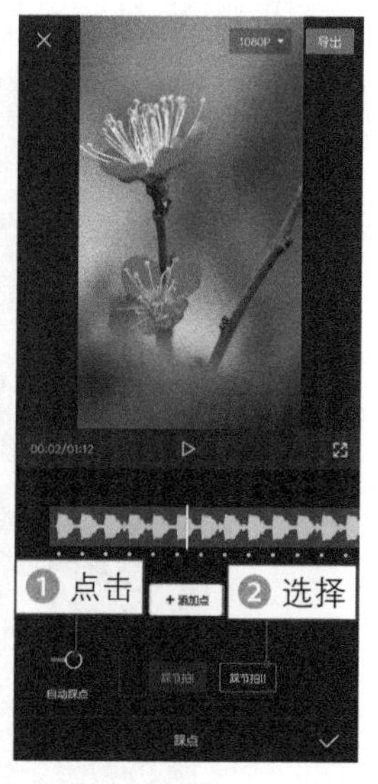

图 6-52　选择"踩节拍 II"选项

图 6-53 点击“分割”按钮

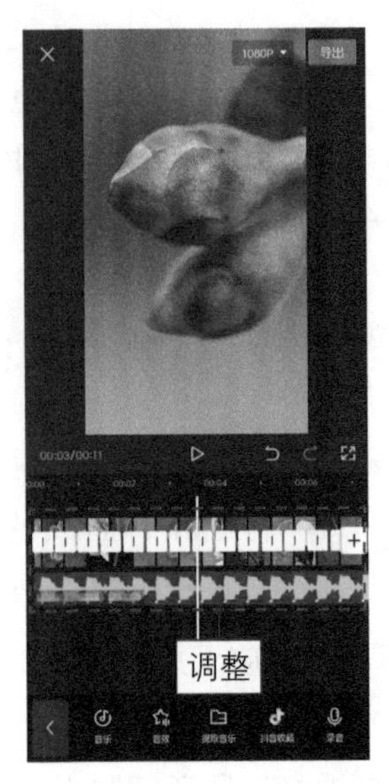

图 6-54 调整后面 23 段素材的时长

2. 缩放动画

“缩放”动画是“组合动画”中的一种动画效果，添加该动画效果后，画面先从大缩小，接着再从小放大。

步骤 01 ❶选择第1段视频轨道；❷依次点击“动画”按钮和“组合动画”按钮，如图6-55所示。

步骤 02 执行操作后，选择“形变缩小”动画，如图6-56所示。

图 6-55 点击“组合动画”按钮

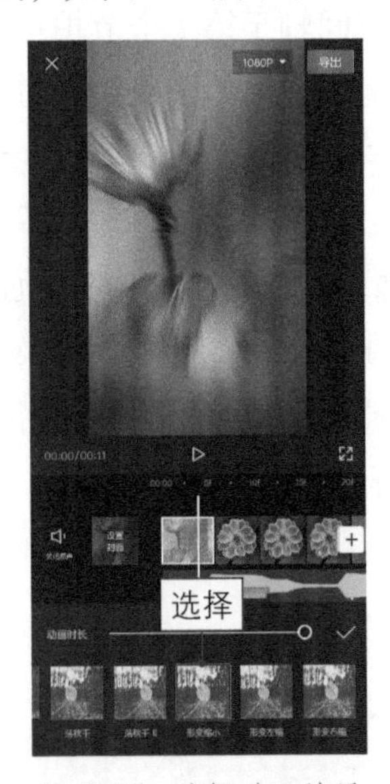

图 6-56 选择动画效果

步骤 03 ❶ 选择第 2 段视频轨道；❷ 选择“形变缩小”动画，如图 6-57 所示。

步骤 04 采用同样的操作方法，为后面 14 段素材添加“形变缩小”动画，如图 6-58 所示。

步骤 05 ❶ 选择第 16 段视频轨道；❷ 选择“组合动画”选项卡中的“水晶 II”动画，如图 6-59 所示。

步骤 06 ❶ 选择第 17 段视频轨道；❷ 选择“组合动画”选项卡中的“魔方 II”动画，如图 6-60 所示。

图 6-57　选择“形变缩小”动画

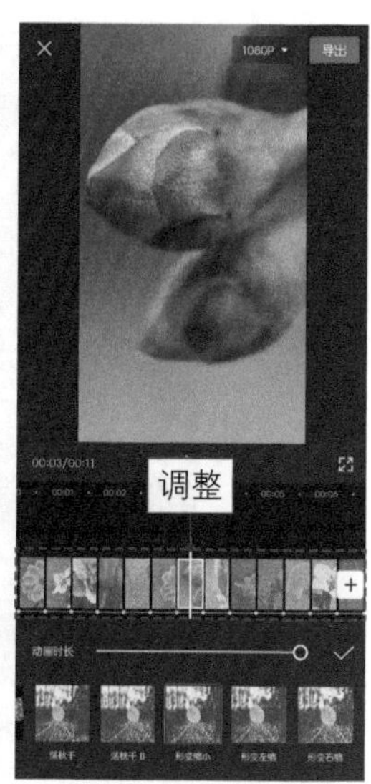

图 6-58　添加动画效果

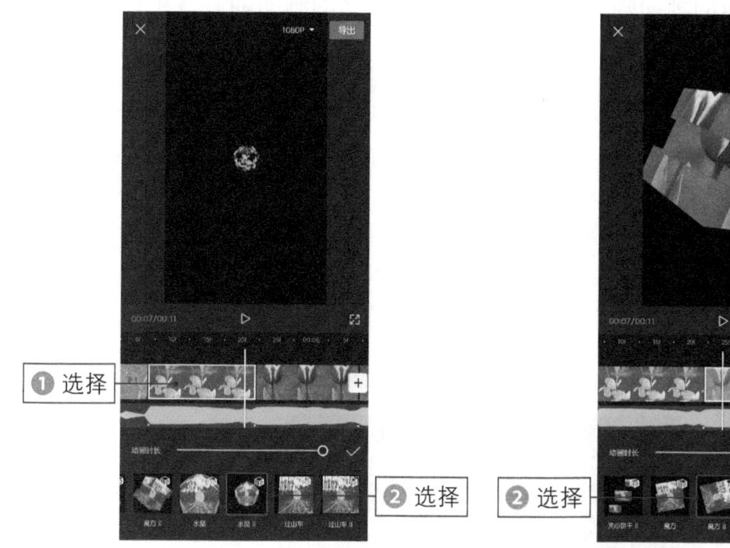

图 6-59　选择“水晶 II”动画

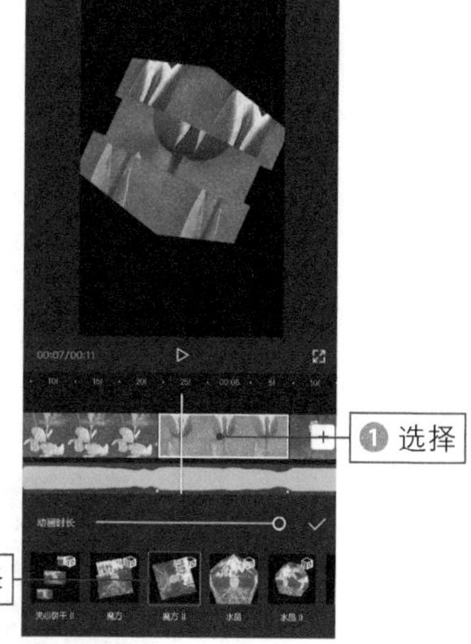

图 6-60　选择“魔方 II”动画

步骤 07 ❶选择第18段视频轨道；❷选择“组合动画”选项卡中的“缩放”动画，如图6-61所示。

步骤 08 采用同样的操作方法，为后面的6段素材添加“缩放”动画，如图6-62所示。

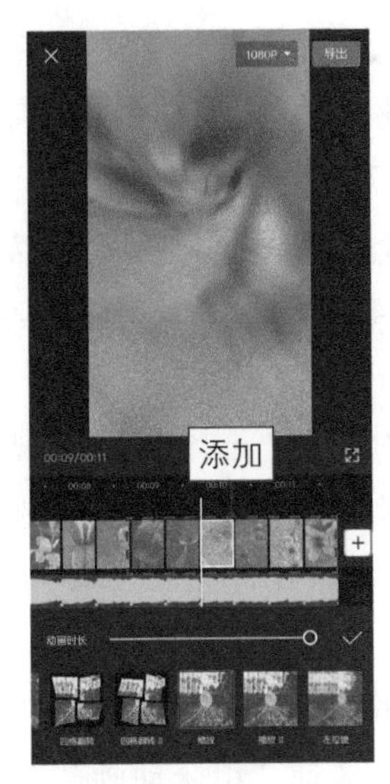

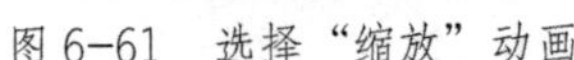
图 6-61　选择“缩放”动画

图 6-62　为后面 6 段素材添加“缩放”动画

【效果赏析】: 点击“导出”按钮，即可导出并播放预览视频，效果如图 6-63 所示。可以看到前面的画面随着音乐快速缩小，后面的画面随着音乐快速放大。

图 6-63　预览视频效果

TIPS● 042

多屏卡点：一屏复制成多屏效果

扫码看教程

扫码看成片效果

多屏卡点短视频是由一张照片根据节拍点分出多个画面的一种卡点效果。下面介绍使用剪映 App 制作多屏卡点短视频的具体操作方法。

1. 四屏特效

“四屏”特效是“分屏”选项卡中的一种特效，添加该特效后，画面会被分成 4 个相同的小画面。

步骤 01 在剪映App中导入一段素材，并添加背景音乐，❶选择视频轨道；❷拖曳视频轨道右侧的白色拉杆，调整视频时长，使其与音频轨道对齐，如图6-64所示。

步骤 02 选择音频轨道，❶依次点击“踩点”按钮和“自动踩点”按钮；❷选择“踩节拍 I”选项，如图 6-65 所示。

步骤 03 点击✓按钮返回，❶拖曳时间轴至第1个节拍点；❷选择视频轨道；❸点击“分割”按钮，如图6-66所示。

步骤 04 采用同样的操作方法，将视频轨道按节拍点位置分割为5段，如图6-67所示。

步骤 05 点击＜按钮返回，❶拖曳时间轴至第1个节拍点；❷点击“特效”按钮，如图6-68所示。

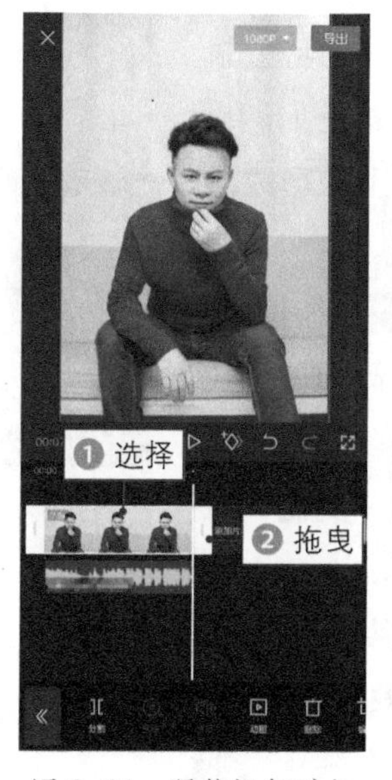

图 6-64　调整视频时长

图 6-65　选择“踩节拍 I”选项

图 6-66　点击“分割”按钮

图 6-67　分割视频轨道

步骤06 切换至“分屏”选项卡，选择“四屏”特效，如图 6-69 所示。

2. 复制

这里的“复制”是指复制特效轨道，复制出来的特效轨道既可以放在同一轨道上，也可以放在不同轨道上，形成叠加效果。

步骤01 点击✓按钮返回，❶拖曳特效轨道右侧的白色拉杆，使其与第 2 个节拍点对齐；❷点击工具栏中的“复制”按钮，如图 6-70 所示。

图 6-68 点击“特效”按钮

图 6-69 选择“四屏”特效

步骤02 执行操作后，❶再次点击“复制”按钮；❷将复制出来的特效轨道拖曳至第 2 个特效轨道的下方，调整第 3 个特效轨道的位置，如图 6-71 所示。

图 6-70 点击“复制”按钮

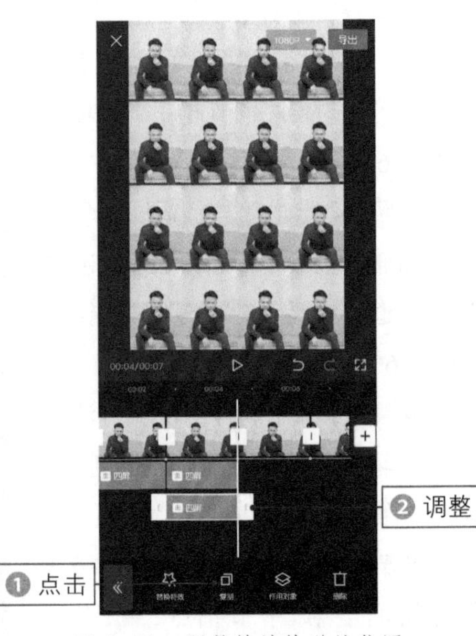

图 6-71 调整特效轨道的位置

【效果赏析】：以此类推，在第 4 段视频轨道下添加 3 段“四屏”特效轨道，在第 5 段视频轨道下添加 4 段“四屏”特效轨道。点击“导出”按钮，导出并播放预览视频，效果如图 6–72 所示。可以看到随着音乐节奏的变化，画面被分成越来越多屏进行展示。

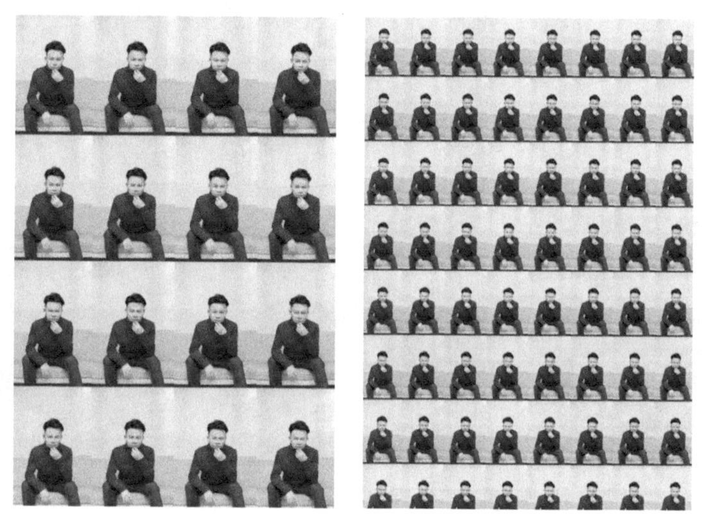

图 6–72　预览视频效果

照相机卡点：模仿相机的快门声

照相机卡点短视频是模仿照相机拍照的一种卡点效果，当音乐播放到节拍点的位置时，快门声响起，同时切换画面。下面介绍使用剪映 App 制作照相机卡点短视频的具体操作方法。

扫码看教程

扫码看成片效果

1. 闪白转场

“闪白”转场是“基础转场”选项卡中的一种转场效果，添加该转场效果后，两个片段之间进行转换时会出现一个白色的背景。

步骤 01 在剪映App中导入9段素材，并添加相应的卡点音乐，❶选择音频轨道；❷点击“踩点”按钮，如图6–73所示。

步骤 02 进入“踩点”界面，❶拖曳时间轴至节拍点的位置；❷点击 +添加点 按钮，如图 6–74 所示。

步骤 03 执行操作后即可添加节拍点，采用同样的操作方法，为音频添加其余的节拍点，如图6–75所示。

图 6-73　点击“踩点”按钮

图 6-74　点击“添加点”按钮

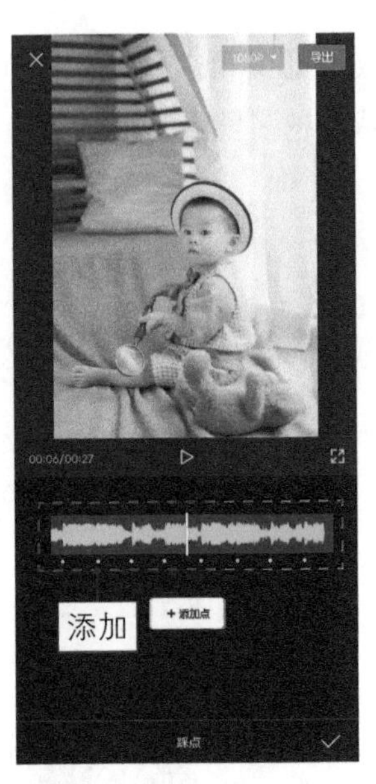

图 6-75　添加其余节拍点

步骤 04 点击✓按钮返回，❶拖曳时间轴至第1个节拍点的位置；❷选择第1段视频轨道；❸点击“分割”按钮，如图6-76所示。

步骤 05 删除第 1 段视频轨道后面多余的部分，采用同样的操作方法，裁剪其余的素材，调整其时长，使其与节拍点对齐，如图 6-77 所示。

步骤 06 执行操作后，点击第1个转场按钮▮，如图6-78所示。

图 6-76　点击“分割”按钮

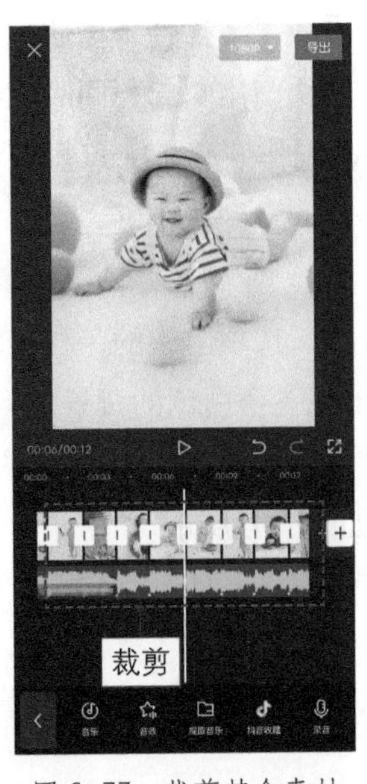

图 6-77　裁剪其余素材

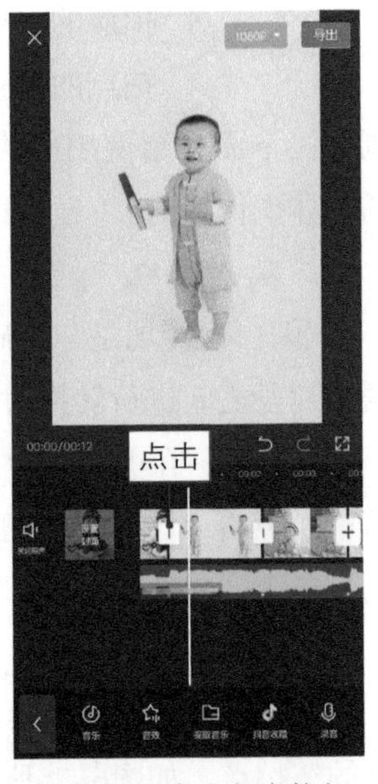

图 6-78　点击相应按钮

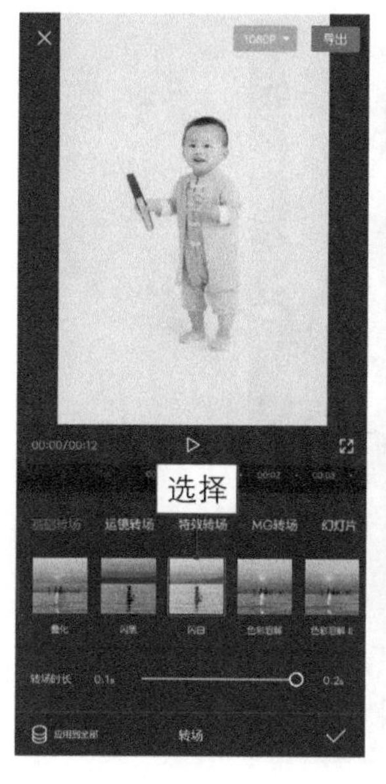

图 6-79　选择“闪白”转场

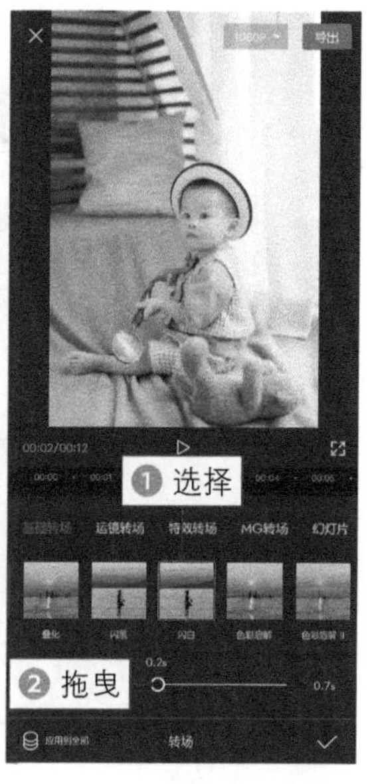

图 6-80　调整转场时长

步骤 07 进入“转场”界面后，在“基础转场”选项卡中选择“闪白”转场，如图6-79所示。

步骤 08 点击✓按钮添加转场效果，点击第 2 个▮按钮，❶依然选择“闪白”转场；❷拖曳“转场时长”选项的滑块，调整转场的持续时长为0.2s，如图 6-80 所示。

2. 拍照声音效

“拍照声”音效是“机械”选项卡中的一种音效，添加该音效后，可以模仿照相机拍照时发出的声音。

步骤 01 采用同样的操作方法，为其余的素材之间添加 0.2s 的“闪白”转场，如图 6-81 所示。

图 6-81　添加“闪白”转场

图 6-82　点击“音效”按钮

步骤 02 ❶拖曳时间轴至视频轨道的起始位置；❷点击工具栏中的“音效”按钮，如图6-82所示。

步骤 03 进入“音效”界面，❶切换至“机械”选项卡；❷找到“拍照声 2”音效，并点击“使用”按钮，如图 6-83 所示。

步骤 04 执行操作后即可添加音效，❶拖曳时间轴至第 2 个转场即将开始的位置；❷点击“音效”按钮，如图 6-84 所示。

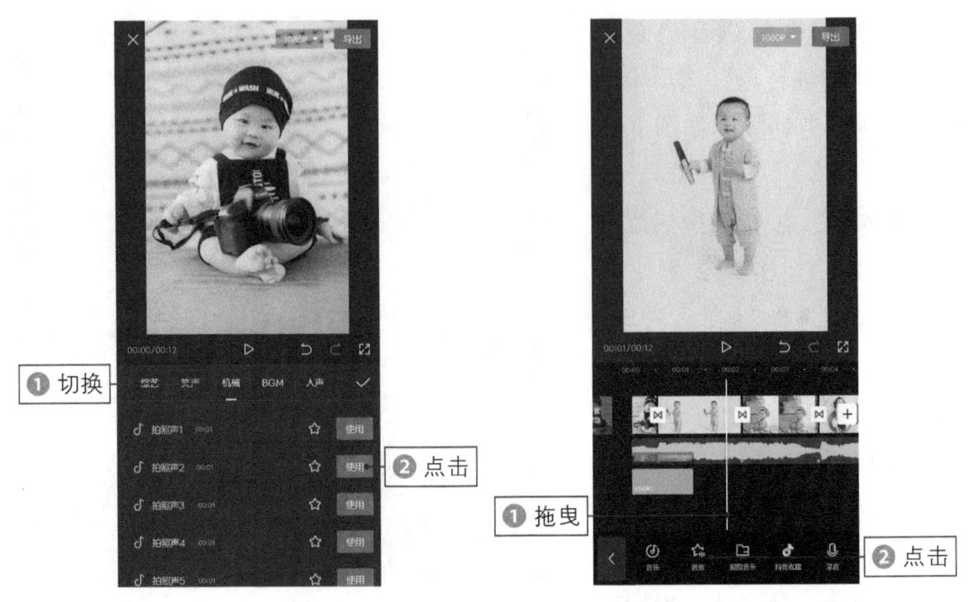

图 6-83 点击“使用”按钮　　图 6-84 点击“音效”按钮

步骤 05 在“机械”选项卡中找到“拍照声3”音效，并点击“使用”按钮，如图6-85所示。

步骤 06 采用同样的操作方法，为其余转场位置添加“拍照声3”音效，如图6-86所示。

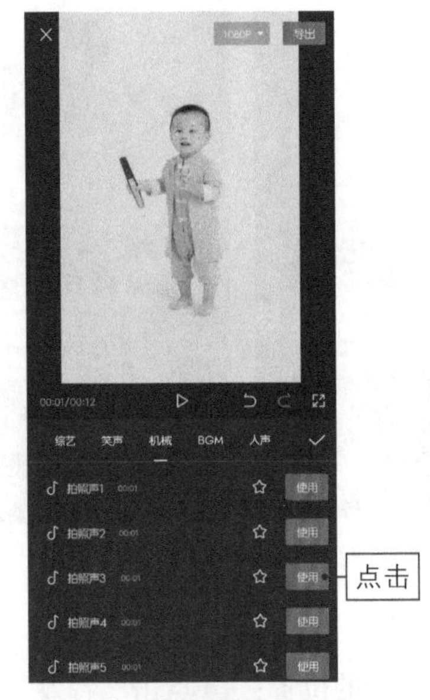

图 6-85 点击“使用”按钮

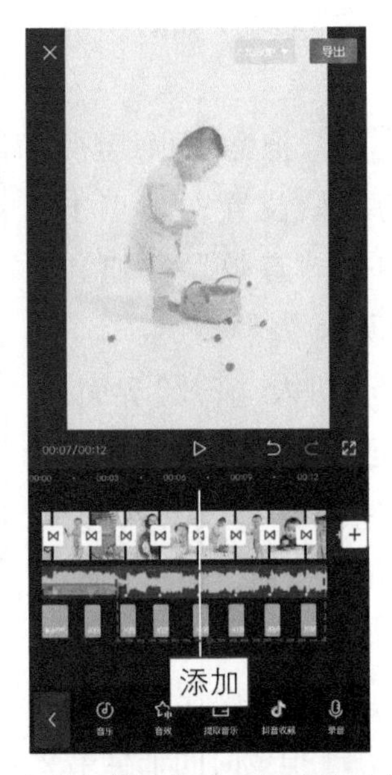

图 6-86 为其余转场位置添加“拍照声 3”音效

【效果赏析】：点击“导出”按钮，即可导出并播放预览视频，效果如图 6–87 所示。可以看到，当照相机的快门声响起时，画面闪白后切换素材。

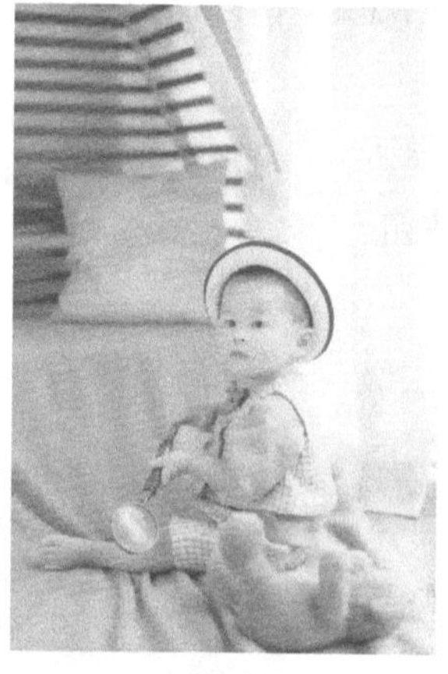

图 6–87　预览视频效果

TIPS• 044　抖动卡点：甜蜜的爱心旋转效果

抖动卡点是由两张照片制作的一种甜蜜卡点短视频，下面介绍使用剪映 App 制作抖动卡点短视频的具体操作方法。

扫码看教程　扫码看成片效果

1. 提取音乐

“提取音乐”是一种添加背景音乐的方法，如果喜欢一个短视频中的背景音乐，并想将其添加到自己的短视频中，只需点击它即可单独添加短视频中的背景音乐。

步骤 01 在剪映 App 中导入两段照片素材，点击“音频”按钮，如图 6-88 所示。

步骤 02 进入“音频”二级工具栏，点击“提取音乐”按钮，如图 6-89 所示。

步骤 03 进入“照片视频”界面，❶ 选择需要提取背景音乐的视频；❷ 点击“仅导入视频的声音”按钮，如图 6-90 所示。

步骤 04 ❶ 选择音频轨道；❷ 点击“踩点”按钮，如图 6-91 所示。

图 6-88 点击“音频”按钮

图 6-89 点击“提取音乐”按钮

图 6-90 点击“仅导入视频的声音”按钮

图 6-91 点击“踩点”按钮

2. 添加点

“添加点”是另一种踩点方法，该踩点需要用户自己找到节拍点，相对之前的两种方法要复杂一些，但操作起来更加自由。

步骤 01 进入“踩点”界面，❶拖曳时间轴至需要卡点的位置；❷点击[+添加点]按钮，如图 6-92 所示。

图 6-92　点击“添加点”按钮

图 6-93　调整第 1 段视频的时长

步骤 02 采用同样的操作方法，在其他需要卡点的位置添加点。点击✓按钮返回，❶选择第 1 段视频轨道；❷拖曳其右侧的白色拉杆，调整视频时长，使其与第 2 个节拍点对齐，如图 6-93 所示。

步骤 03 ❶拖曳时间轴至第1个节拍点；❷点击“分割”按钮，如图 6-94 所示。

步骤 04 执行操作后，❶选择第 3 段视频轨道；❷拖曳其右侧的白色拉杆，调整第 3 段视频的时长，使其与音频轨道的结束位置对齐，如图 6-95 所示。

图 6-94　点击“分割”按钮

图 6-95　调整视频时长

3. 模糊特效

“模糊”特效是“基础”选项卡中的一种特效，添加该特效后画面会变模糊，给人一种朦胧、神秘的感觉。

步骤01 点击《按钮返回，❶拖曳时间轴至起始位置；❷点击“特效”按钮，如图6–96所示。

步骤02 ❶切换至“基础”选项卡；❷选择“模糊”特效，如图6–97所示。

步骤03 点击✓按钮返回，拖曳特效轨道右侧的白色拉杆，调整特效的持续时长，使其与第1个节拍点对齐，如图6–98所示。

步骤04 点击《按钮返回，点击“新增特效”按钮，如图6–99所示。

图6–96 点击“特效”按钮

图6–97 选择“模糊”特效

图6–98 调整特效的持续时长

图6–99 点击“新增特效”按钮

步骤05 ❶切换至“氛围”选项卡；❷选择“爱心缤纷”特效，如图6–100所示。

步骤 06 点击✓按钮返回，拖曳第2段特效轨道右侧的白色拉杆，调整其持续时长，使其与视频结束位置对齐，如图6-101所示。

图 6-100　选择“爱心缤纷”特效

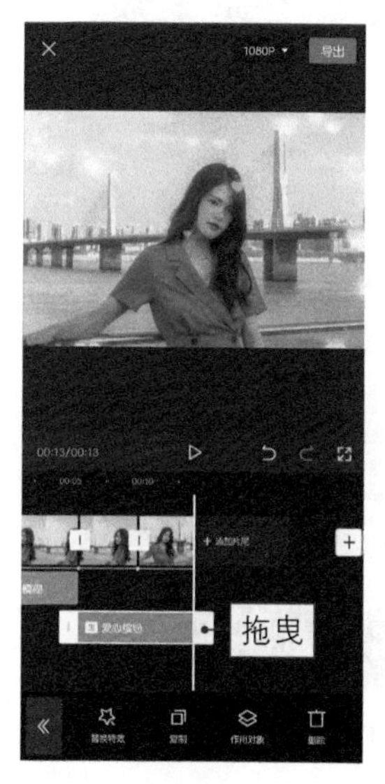

图 6-101　调整特效的持续时长

4. 爱心电波贴纸

“爱心电波”贴纸是剪映 App 中的一种贴纸效果，添加该贴纸后，画面中会出现一个爱心形状的电波，并不停地向前跳动。

步骤 01 点击«按钮返回，❶拖曳时间轴至起始位置；❷点击“贴纸”按钮，如图 6-102 所示。

步骤 02 ❶选择一个合适的贴纸；❷在预览区域调整其位置，如图6-103所示。

步骤 03 点击✓按钮返回，❶拖曳时间轴至第1个贴纸的结束位置；❷点击“添加贴纸”按钮，如图6-104所示。

步骤 04 ❶选择一个电量贴纸；❷在预览区域调整其位置和大小；❸选择一个爱心电波贴

图 6-102　点击“贴纸”按钮

图 6-103　调整贴纸位置

纸；❹在预览区域调整其位置和大小，如图6-105所示。

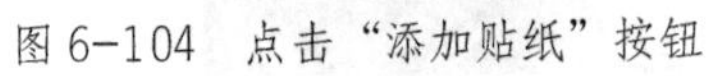
图 6-104　点击“添加贴纸”按钮

图 6-105　调整贴纸的位置和大小

步骤 05　点击✓按钮返回，调整两个贴纸的持续时长，使其与第1个节拍点对齐，如图6-106所示。

步骤 06　点击《按钮返回，点击“新建文本”按钮，如图6-107所示。

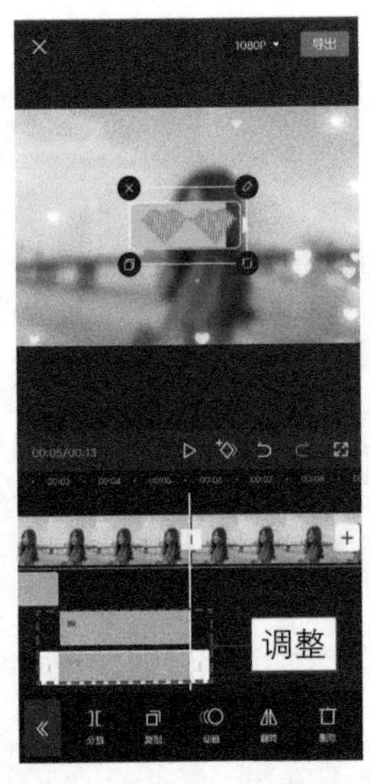

图 6-106　调整贴纸的持续时长

图 6-107　点击“新建文本”按钮

步骤 07　❶输入符合短视频主题的文字内容；❷选择合适的字体样式；❸在

预览区域调整其位置和大小；❹点击“花字”按钮，如图6–108所示。

步骤 08 选择一个合适的花字样式，如图6–109所示。

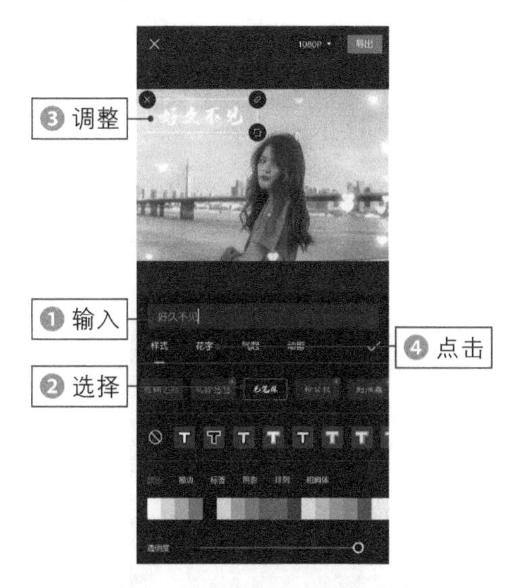

图 6–108　点击“花字”按钮

图 6–109　选择花字样式

步骤 09 点击✓按钮返回，❶选择第2段视频轨道；❷依次点击“动画”按钮和“入场动画”按钮，如图6–110所示。

步骤 10 ❶选择“上下抖动”动画效果；❷拖曳白色圆环滑块，调整动画时长至最大，如图6–111所示。

图 6–110　点击“入场动画”按钮

图 6–111　调整动画时长

步骤 11 采用同样的操作方法，为第 3 段视频轨道也添加“上下抖动”动画，如图 6-112 所示。

步骤 12 返回并点击“比例”按钮，选择9∶16选项，如图6-113所示。

图 6-112　添加“上下抖动”动画

图 6-113　选择 9∶16 选项

步骤 13 返回并依次点击“背景”按钮和“画布模糊”按钮，如图 6-114 所示。

步骤 14 ❶ 选择第 4 个模糊效果；❷ 点击“应用到全部”按钮，如图 6-115 所示。

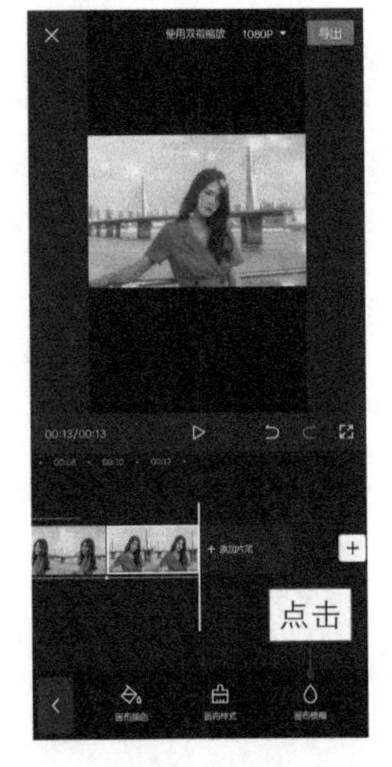

图 6-114　点击“画布模糊”按钮

图 6-115　点击“应用到全部”按钮

【效果赏析】：点击“导出”按钮，即可导出并播放预览视频，效果如图6-116所示。可以看到，爱心电波的电量变绿后，两张照片接连上下抖动进入画面中，并且周围环绕着闪烁的爱心。

图 6-116　预览视频效果

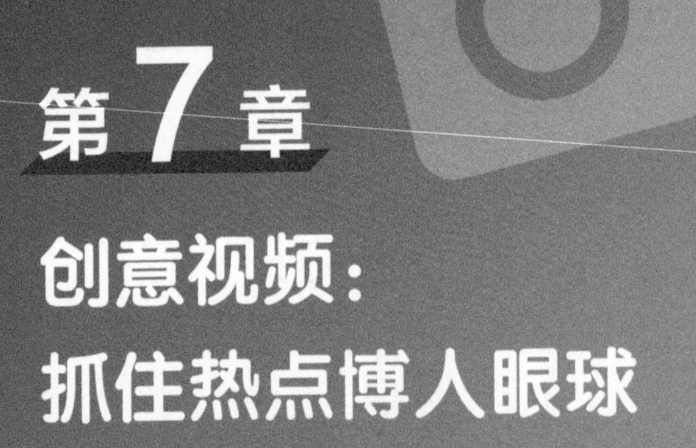

第 7 章

创意视频：抓住热点博人眼球

当读者掌握了短视频的基本剪辑技巧，抖音的实用拍摄功能，以及热门的拍摄题材后，只需在短视频中加入一点点创意玩法，这个作品就离火爆不远了。本章总结了一些拍摄短视频时常用的创意玩法，帮助读者快速打造出爆款作品。

TIPS 045 仙女变身：制作惊艳日漫效果

剪映 App 中有一个“仙女变身”特效，可以用来制作变身短视频。下面介绍使用剪映 App 制作仙女变身短视频的具体操作方法。

扫码看教程

扫码看成片效果

1. 画布模糊

“画布模糊”是一种背景效果，它分为 4 种不同程度的模糊效果，用户可根据短视频的需要进行添加。

步骤 01 在剪映App中导入一张照片素材，并添加合适的背景音乐，将其时长设置为3.6s，如图7-1所示。

步骤 02 返回并点击“比例”按钮，选择 9∶16 选项，如图 7-2 所示。

步骤 03 点击✓按钮返回，依次点击“背景”按钮和“画布模糊”按钮，选择第2个模糊效果，如图7-3所示。

步骤 04 点击✓按钮添加模糊效果，❶点击+按钮；❷再次导入照片素材；❸将其时长设置为4.5s，如图7-4所示。

步骤 05 点击工具栏中的“日漫”按钮，如图 7-5 所示。

步骤 06 执行操作后，显示漫画生成效果的进度，如图 7-6 所示。

图 7-1　设置时长

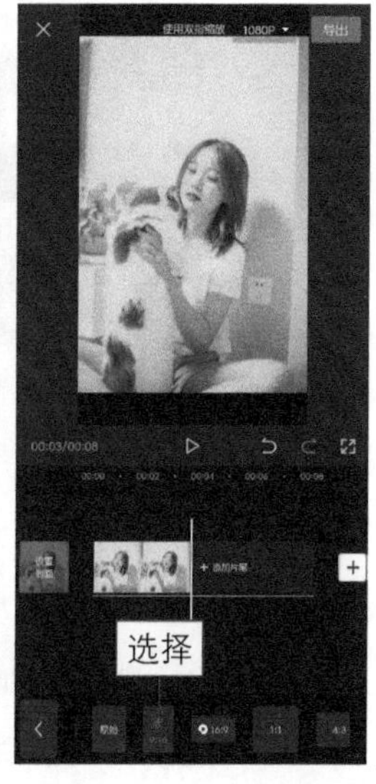

图 7-2　选择 9∶16 选项

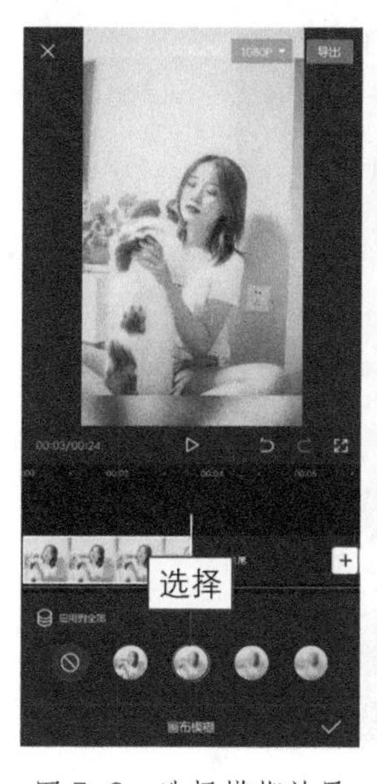

图 7-3　选择模糊效果

图 7-4　设置时长

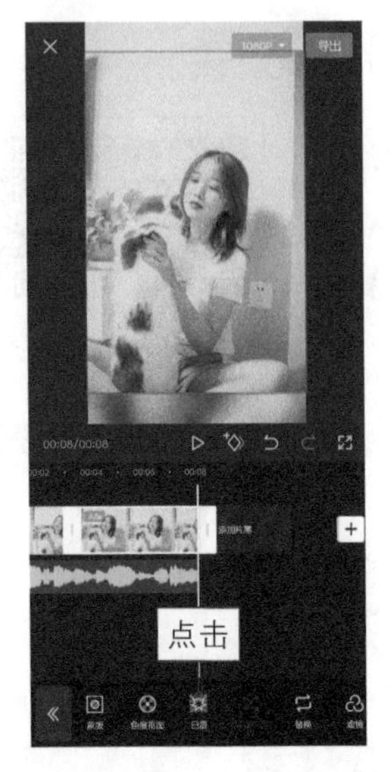

图 7-5 点击“日漫”按钮

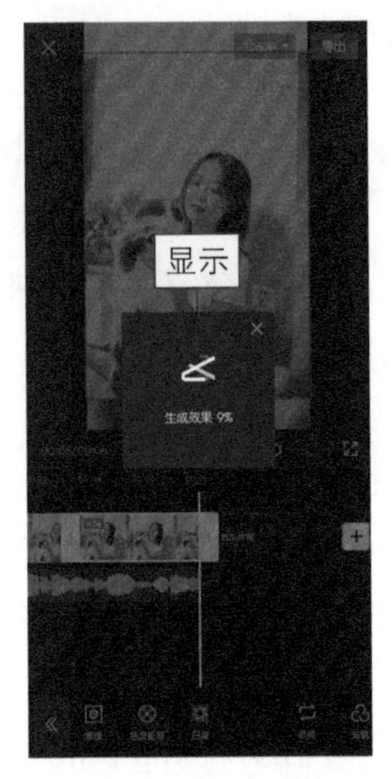

图 7-6 显示生成进度

2. 回忆转场

“回忆”转场是“幻灯片”选项卡中的一种转场效果，在两个片段之间添加该转场后，画面会像水纹一样淡开。

步骤 01 生成漫画效果后，点击两段视频中间的转场按钮，如图 7-7 所示。

步骤 02 ❶切换至“幻灯片”选项卡；❷选择“回忆”转场；❸拖曳“转场时长”滑块，调整转场时长，将其拉至最大值，如图7-8所示。

图 7-7 点击相应按钮

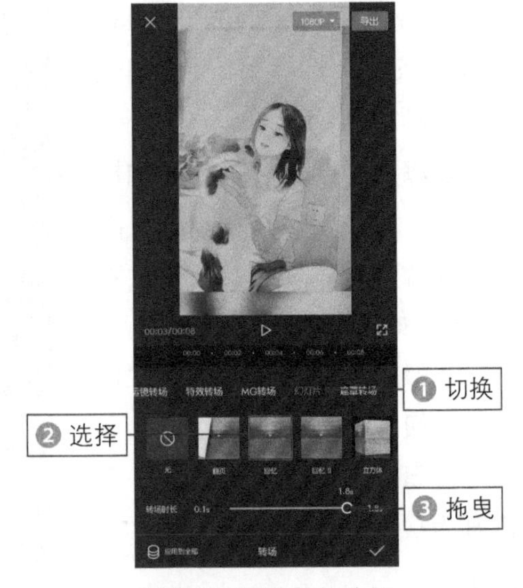

图 7-8 调整转场时长

步骤 03 点击✓按钮返回，❶拖曳时间轴至起始位置；❷点击“特效”按钮，如图7–9所示。

步骤 04 在“基础”选项卡中选择“变清晰”特效，如图7–10所示。

图 7–9　点击“特效”按钮

图 7–10　选择“变清晰”特效

步骤 05 点击✓按钮添加特效，❶将特效轨道右侧的白色拉杆拖曳至转场的起始位置；❷点击“作用对象”按钮，如图7–11所示。

步骤 06 进入“作用对象”界面，点击“全局”按钮，如图7–12所示。

图 7–11　点击“作用对象”按钮

图 7–12　点击“全局”按钮

步骤07 点击✓按键返回，点击“新增特效”按钮，在“氛围”选项卡中选择“仙女变身”特效，如图7–13所示。

步骤08 点击✓按钮添加特效，❶长按第2段特效轨道并将其拖曳至起始位置；❷向左拖曳右侧的白色拉杆，使其时长与第1段特效的时长保持一致；❸点击“作用对象”按钮，如图7–14所示。

图 7–13　选择“仙女变身”特效

图 7–14　点击“作用对象”按钮

步骤09 点击“全局”按钮，❶ 返回拖曳时间轴至转场的结束位置；❷ 点击“新增特效”按钮，如图 7–15 所示。

步骤10 采用同样的操作方法，再添加一段“氛围”选项卡中的“金粉”特效和一段“动感”选项卡中的“波纹色差”特效，如图 7–16 所示。

步骤11 点击<按钮返回，点击“贴纸”按钮，如图7–17所示。

步骤12 ❶ 选择一个合适的贴纸效果；❷ 在预览区域调整其

图 7–15　点击“新增特效”按钮

图 7–16　添加其他特效

位置和大小，如图 7-18 所示。

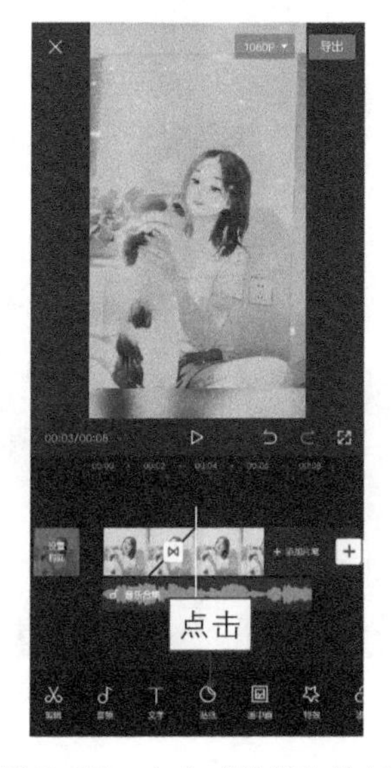

图 7-17　点击“贴纸”按钮

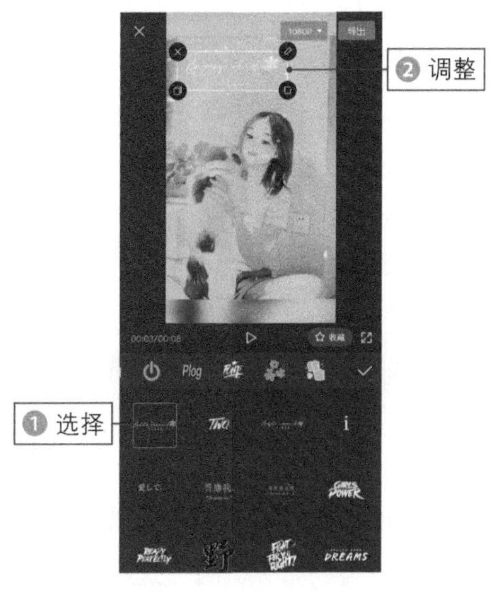

图 7-18　调整贴纸位置和大小

步骤 13 点击✓按钮添加贴纸效果，❶ 拖曳贴纸轨道右侧的白色拉杆，调整贴纸的持续时长；❷ 点击“动画”按钮，如图 7-19 所示。

步骤 14 进入“贴纸动画”界面，❶ 选择“入场动画”选项卡中的“缩小”动画效果；❷ 拖曳蓝色的右箭头滑块，调整入场动画时长，如图 7-20 所示。

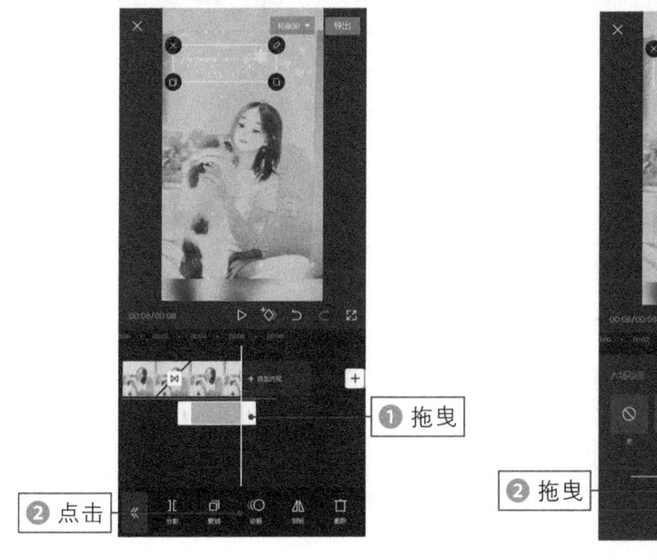

图 7-19　点击“动画”按钮

图 7-20　调整入场动画时长

3. 彩虹花字

彩虹花字是一种花字效果，添加该效果后，文字会变成彩虹的颜色。

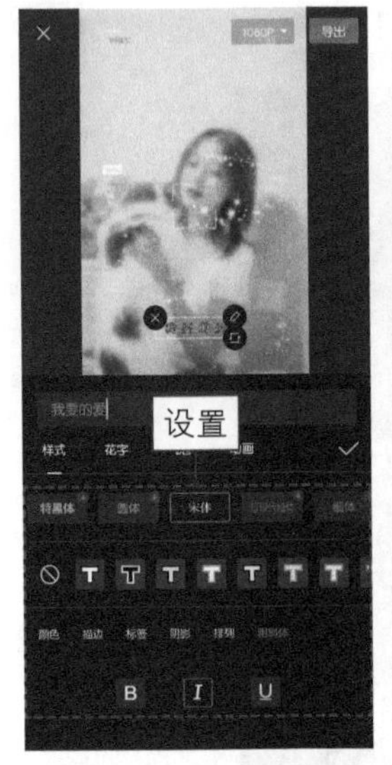

图 7-21　设置字体样式

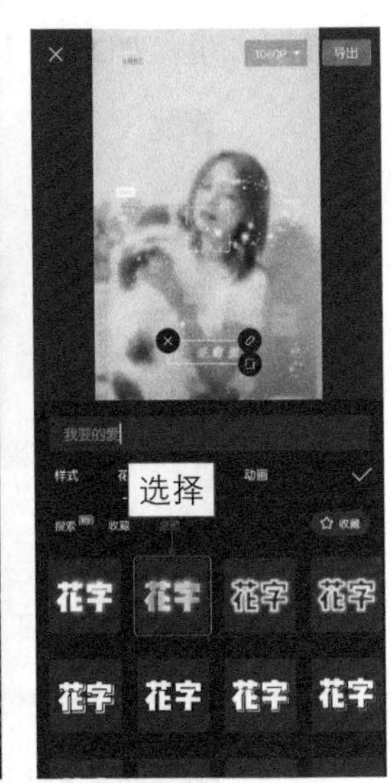

图 7-22　选择花字样式

步骤 01 返回并裁剪多余的音频，点击“文字”按钮，添加相应的字幕，并设置字体样式，如图 7-21 所示。

步骤 02 切换至“花字”选项卡，选择一个彩虹花字样式，如图 7-22 所示。

步骤 03 切换至“动画”选项卡，❶选择“入场动画”选项卡中的“爱心弹跳”动画；❷拖曳蓝色的右箭头滑块，调整入场动画时长，如图7-23所示。

步骤 04 切换至“出场动画”选项卡，❶选择“溶解”动画效果；❷拖曳红色的左箭头滑块，调整出场动画时长，如图7-24所示。

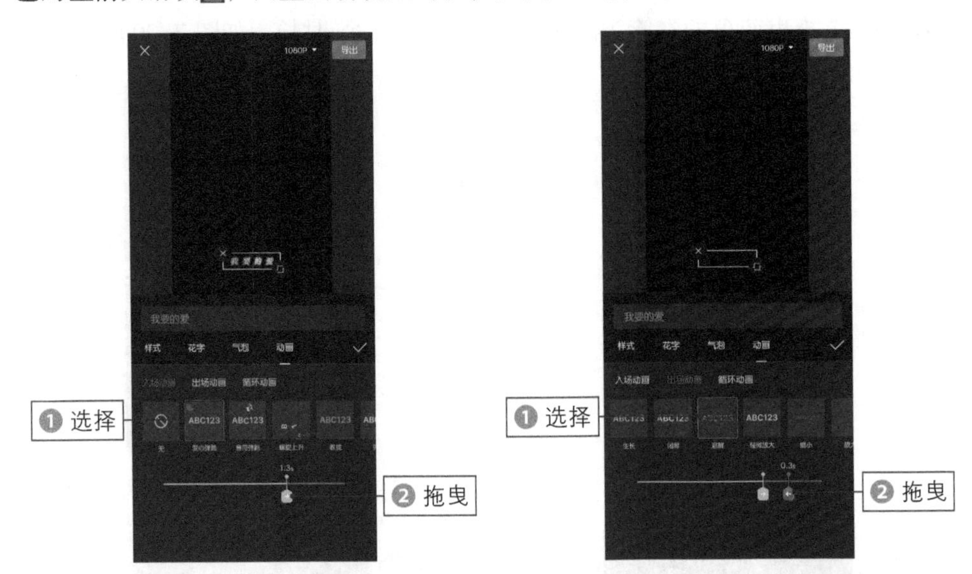

图 7-23　调整入场动画时长　　图 7-24　调整出场动画时长

【效果赏析】：采用同样的操作方法，为其他字幕添加动画效果。点击“导出”按钮，导出并播放预览视频，效果如图7-25所示。可以看到原本真实的人物慢慢变成了日漫人物。

图 7-25　播放预览视频

TIPS 046 平行世界：制作水平镜像效果

扫码看教程

扫码看成片效果

平行世界是短视频中非常火爆的一种短视频，下面介绍使用剪映 App 制作平行世界短视频的具体操作方法。

1. 编辑

在“编辑”界面中共包括“旋转”、“镜像”及“裁剪”3 种功能，通过它们能够很好地编辑画面。

步骤 01 在剪映 App 中导入一段视频素材，❶ 选择视频轨道；❷ 依次点击“编辑”按钮和“裁剪”按钮，如图 7-26 所示。

步骤 02 进入“裁剪”界面，对视频画面进行适当裁剪，如图 7-27 所示。

图 7-26　点击“裁剪”按钮

图 7-27　适当裁剪画面

步骤 03 点击✓按钮返回，点击工具栏中的“复制”按钮，如图 7-28 所示。

步骤 04 点击<按钮返回，点击“画中画”按钮，❶选择复制的视频轨道；❷点击“切画中画”按钮，如图7-29所示。

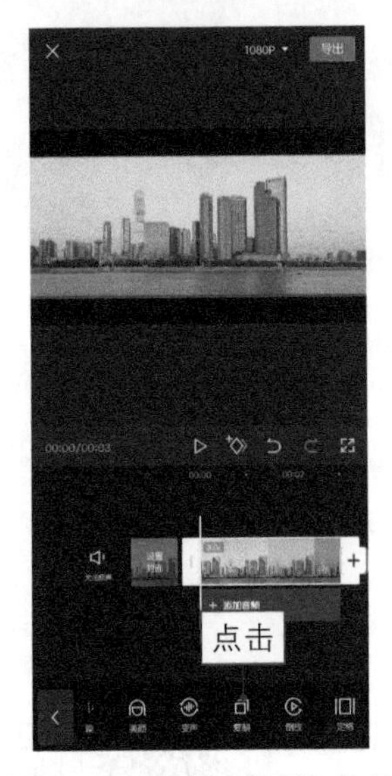

图 7-28 点击“复制”按钮

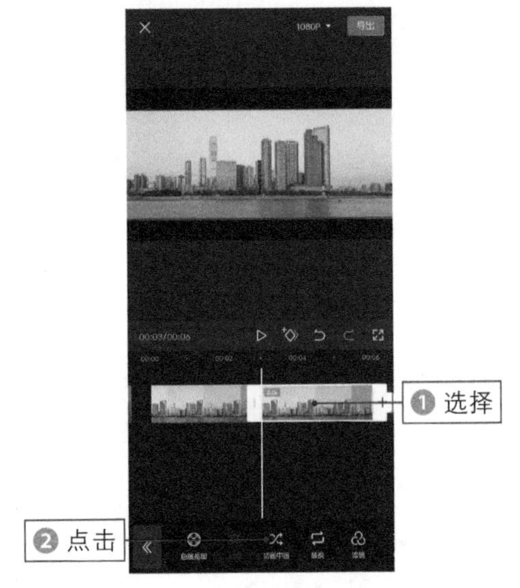

图 7-29 点击“切画中画”按钮

步骤 05 执行操作后，长按并拖曳画中画轨道至起始位置，❶选择画中画轨道；❷点击“编辑”按钮，如图7-30所示。

步骤 06 进入“编辑”界面，连续两次点击“旋转”按钮，如图7-31所示。

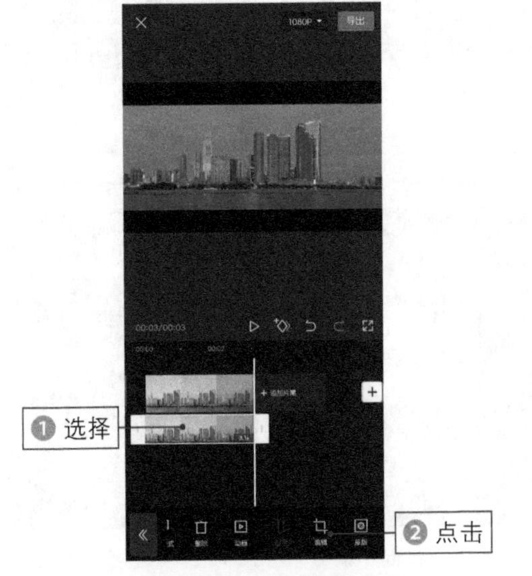

图 7-30 点击“编辑”按钮

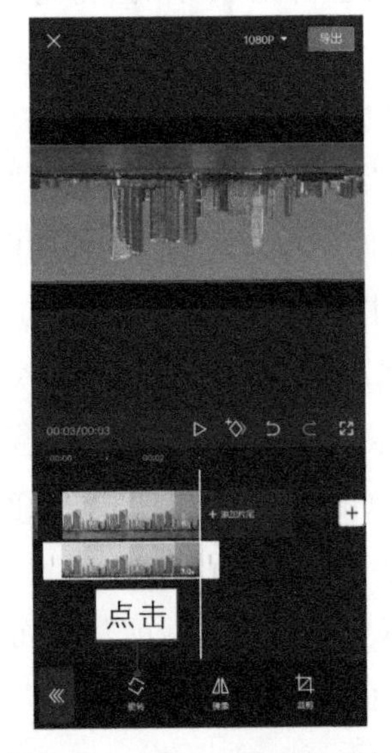

图 7-31 点击“旋转”按钮

2. 镜像

“镜像”是编辑中的一种功能，打开该功能后，画面的方向会变成相反方向，就好像照镜子一样。

步骤 01 点击“镜像”按钮，水平翻转视频画面，如图 7–32 所示。

步骤 02 点击«按钮返回，点击“比例”按钮，选择 1：1 选项，如图 7–33 所示。

步骤 03 返回在预览区域对两个视频画面的位置进行适当调整，如图7–34所示。

【效果赏析】：至此完成“平行世界”短视频的制作，效果如图 7–35 所示。

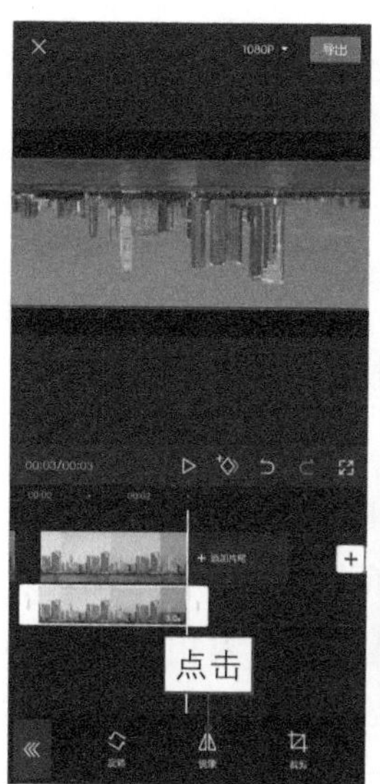

图 7–32　点击“镜像”按钮

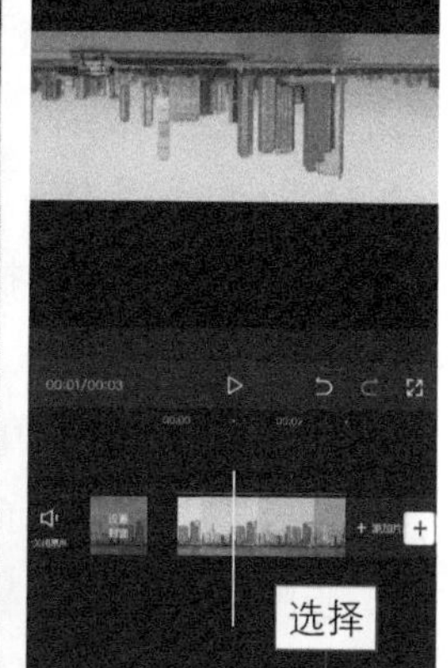

图 7–33　选择 1：1 选项

图 7–34　适当调整画面的位置

图 7–35　完成短视频的制作

TIPS• 047 抠图转场：通过画面主体转场

抠图转场是一种非常炫酷的转场效果，利用它可以抠出视频画面中的主体。下面介绍使用剪映 App 制作抠图转场短视频的具体操作方法。

扫码看教程

扫码看成片效果

1. 抠图

抠图是指将画面中的某个物体单独抠出来，以此突出它的重要性。该功能用在转场效果中时，画面将变得非常炫酷。

步骤 01 在剪映App中导入相应的素材，并添加合适的背景音乐，❶选择音频轨道；❷点击"踩点"按钮，如图7–36所示。

步骤 02 进入"踩点"界面，❶点击"自动踩点"按钮；❷选择"踩节拍I"选项，如图7–37所示。

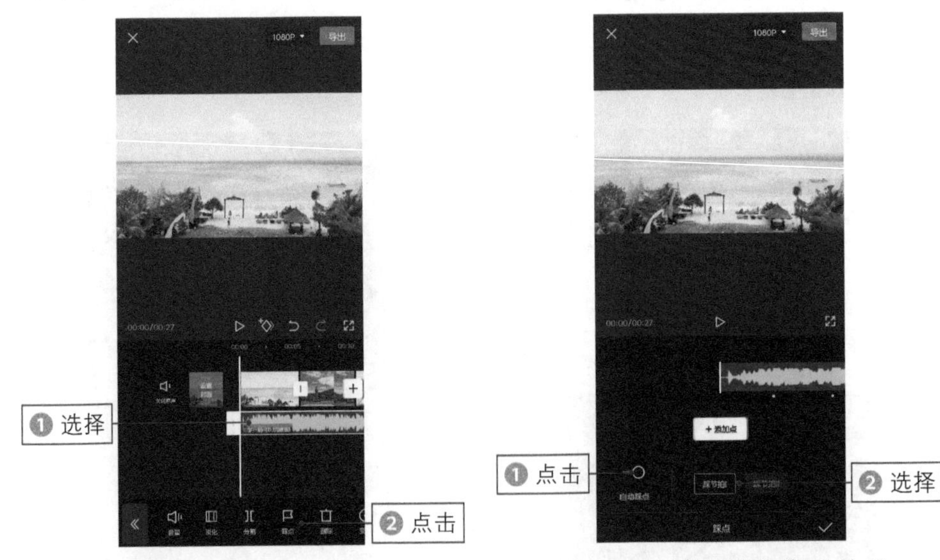

图 7–36　点击"踩点"按钮　　图 7–37　选择"踩节拍 I"选项

步骤 03 点击✓按钮返回，❶拖曳时间轴至第1个节拍点；❷选择视频轨道；❸点击"分割"按钮，如图7–38所示。

步骤 04 删除第1段视频轨道多余的部分，采用同样的操作方法，删除其余视频轨道多余的部分，并删除多余的音频轨道，如图7–39所示。

步骤 05 ❶拖曳时间轴至第2段视频的起始位置；❷点击⛶按钮，如图7–40所示。

步骤 06 全屏预览视频并截图，如图7-41所示。

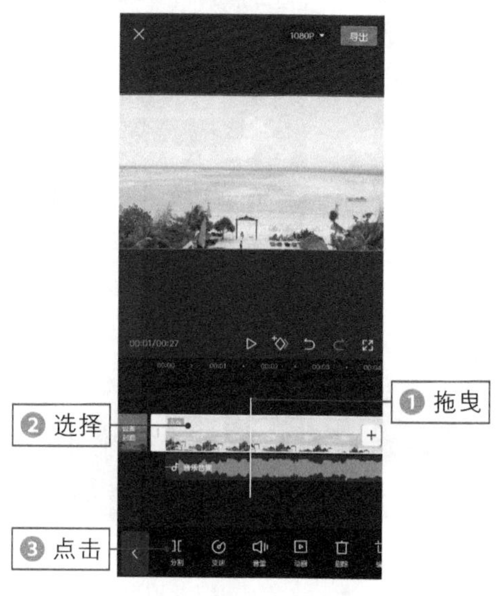

图 7-38　点击"分割"按钮

图 7-39　删除多余的轨道

图 7-40　点击相应按钮

图 7-41　全屏预览视频并截图

步骤 07 打开美册App，在"首页"界面中点击"万物抠图"按钮，如图7-42所示。

步骤 08 进入手机相册，选择刚才截图的素材，如图7-43所示。

步骤 09 ❶选择"选区"选项卡；❷选择"方形"选项；❸在预览区域调整选区；❹点击"抠图"按钮，如图7-44所示。

图 7-42　点击“万物抠图”按钮

图 7-43　选择截图的素材

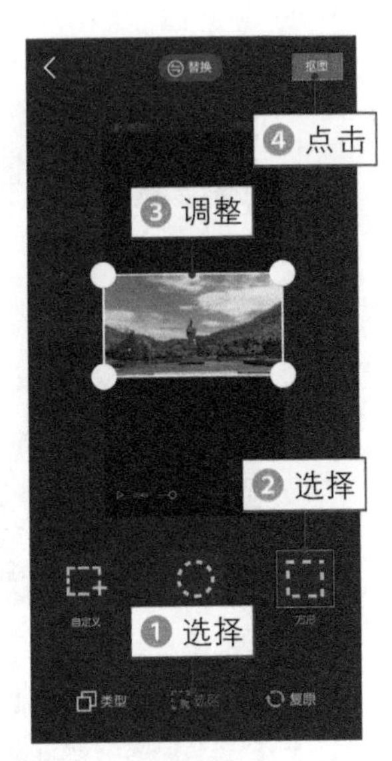

图 7-44　点击“抠图”按钮

步骤 10 执行操作后，开始进行智能抠图处理，如图7-45所示。

步骤 11 稍等片刻，❶即可抠出图像；❷如果智能抠图无法抠出整体，可选择“手动抠图”选项，如图7-46所示。

步骤 12 执行操作后，进入“手动抠图”界面，❶放大画面；❷选择“画笔抠图”选项；❸拖曳滑块，调整画笔尺寸，如图7-47所示。

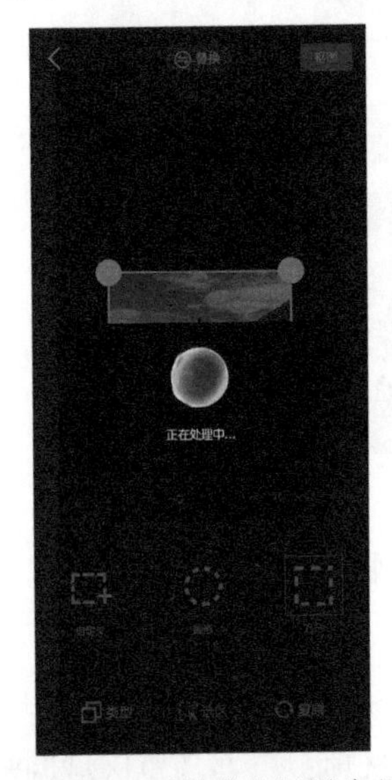

图 7-45　开始进行抠图处理

图 7-46　选择“手动抠图”选项

图 7-47　调整画笔尺寸

步骤 13 执行操作后，❶ 在预览区域将需要抠出的位置涂抹上颜色；❷ 点击“隐藏原图”按钮，如图 7–48 所示。

步骤 14 执行操作后即可得到抠出的主体，点击“保存本地”按钮保存图片，如图7–49所示。

图 7–48 点击“隐藏原图”按钮

图 7–49 点击“保存本地”按钮

2. 入场动画

“入场动画”是画面进入画框时的一类动画效果，包括“渐显”、“放大”及“缩小”等多种动画效果。

步骤 01 返回剪映App，❶将时间轴向左拖曳0.5s；❷依次点击“画中画”按钮和“新增画中画”按钮，如图7–50所示。

步骤 02 ❶选择保存好的抠图；❷点击“添加”按钮，如图7–51所示。

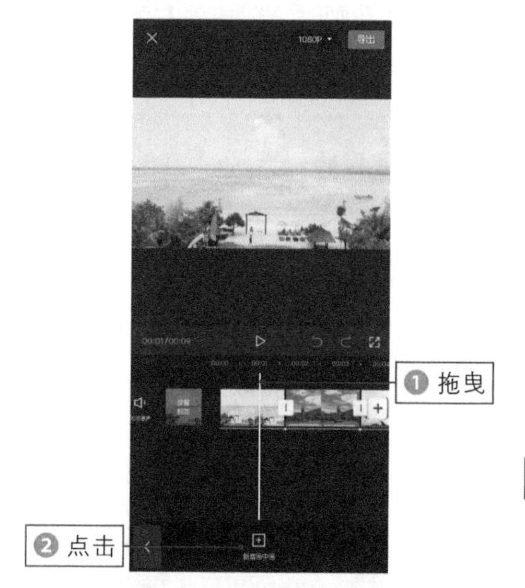

图 7–50 点击“新增画中画”按钮

图 7–51 点击“添加”按钮

步骤 03 ❶ 拖曳时间轴至第 2 段视频的起始位置；❷ 在预览区域调整画中画素材的位置和大小，使其与视频画面重合；❸ 点击“分割”按钮，如图 7–52 所示。

步骤 04 删除多余的画中画素材，❶ 选择画中画轨道；❷ 点击“动画”按钮，如图 7-53 所示。

图 7-52 点击“分割”按钮

图 7-53 点击“动画”按钮

步骤 05 打开“动画”菜单，选择“入场动画”选项，如图7-54所示。

步骤 06 ❶选择“放大”动画效果；❷拖曳“动画时长”选项右侧的滑块，调整动画的持续时长，如图7-55所示。

图 7-54 选择“入场动画”选项

图 7-55 调整动画的持续时长

3. 转场音效

“转场”音效是一个音效选项卡，其中包括“嗖嗖”、“咻”及“弹出”等音效，通常添加在转场的位置。

步骤 01 点击✓按钮添加动画效果，返回并依次点击“音频”按钮和“音效”按钮，如图 7-56 所示。

步骤 02 ❶ 切换至“转场”选项卡；❷ 找到“嗖嗖”音效，并点击“使用”按钮，如图 7-57 所示。

图 7-56　点击“音效”按钮

图 7-57　点击“使用”按钮

步骤 03 ❶ 选择音效轨道；❷ 向左拖曳其右侧的白色拉杆，调整音效轨道时长，使其与第 1 个节拍点对齐，如图 7-58 所示。

步骤 04 采用同样的操作方法，为其余的素材制作转场效果，如图7-59 所示。

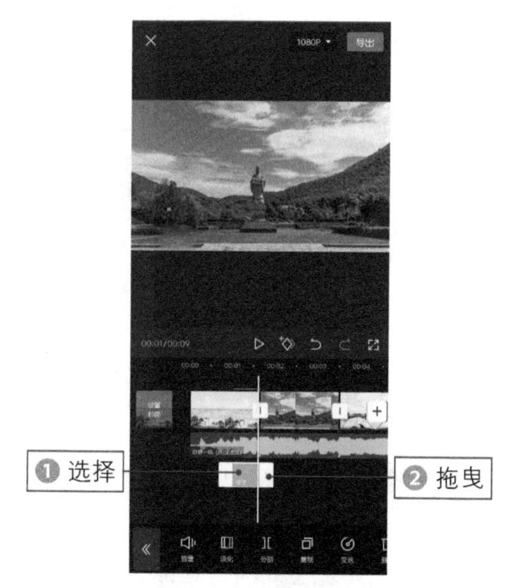

图 7-58　调整音效时长

图 7-59　为其余素材制作转场效果

【效果赏析】：点击“导出”按钮，导出并播放预览视频，效果如图 7-60

所示。可以看到从一个画面切换到另一个画面时，主体先单独进入前一个画面中，再出现第二个画面的整体。

图 7-60 预览视频效果

TIPS 048 开盖转场：通过旋转圆形转场

开盖转场是通过圆形蒙版将画面中的圆形图案抠出，并做旋转处理的一种转场方式。下面介绍使用剪映App制作开盖转场短视频的具体操作方法。

扫码看教程

扫码看成片效果

1. 圆形蒙版

“圆形”蒙版是一种蒙版形状，因为要制作一个开盖的转场效果，所以圆形蒙版可以模仿盖子的样子。

步骤 01 在剪映App中导入有圆形图案的素材，依次点击“画中画”按钮和“新增画中画”按钮，如图7-61所示。

步骤 02 ❶再次导入有圆形图案的素材；❷在预览区域调整画面大小，将其放大至全屏，如图7-62所示。

步骤 03 点击工具栏中的“蒙版”按钮，如图7-63所示。

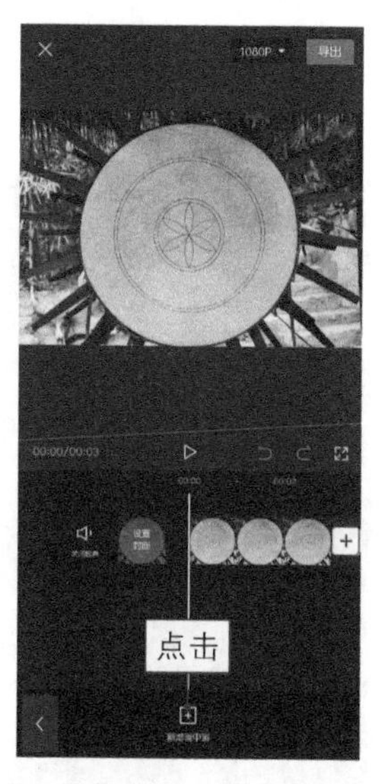

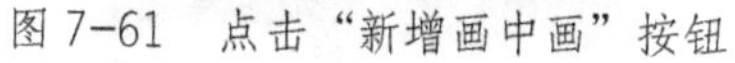
图 7-61　点击“新增画中画”按钮

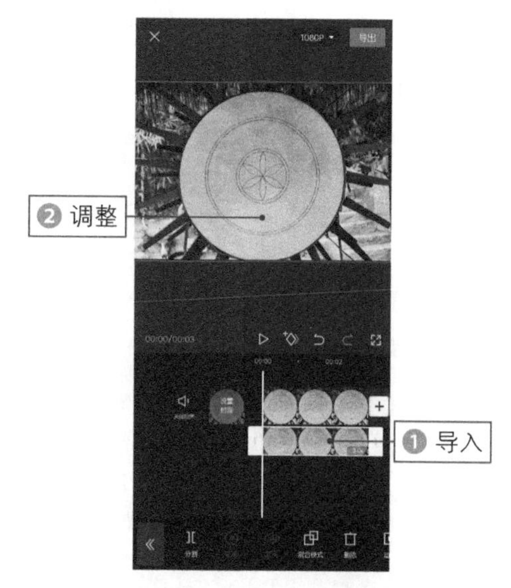

图 7-62　调整画面大小

步骤 04 进入“蒙版”界面，❶选择“圆形”蒙版；❷在预览区域调整蒙版的位置和大小，使其与画面中的圆形图案重合；❸点击“反转”按钮，如图7-64所示。

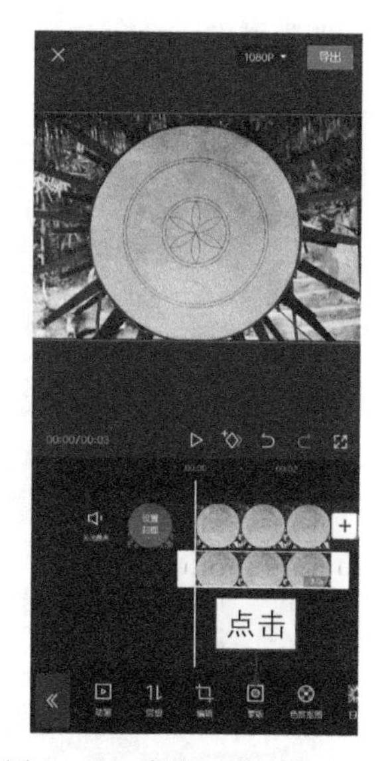

图 7-63　点击“蒙版”按钮

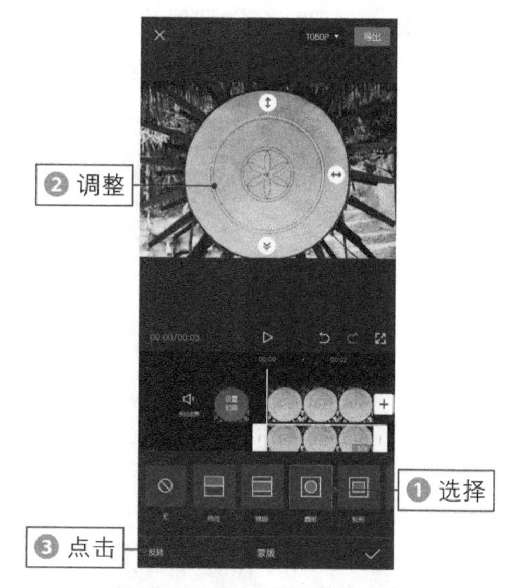

图 7-64　点击“反转”按钮

步骤 05 点击✓按钮添加蒙版，点击工具栏中的“复制”按钮，如图7-65所示。

步骤 06 长按画中画轨道复制出来的第2段画中画轨道，并将其拖曳至第2条画中画轨道中，如图7–66所示。

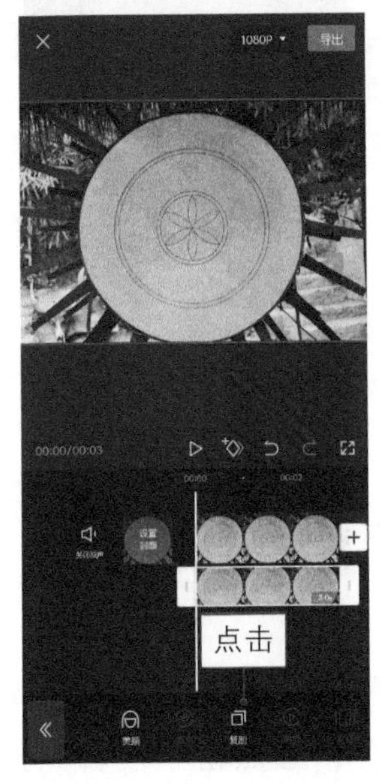

图 7–65　点击“复制”按钮

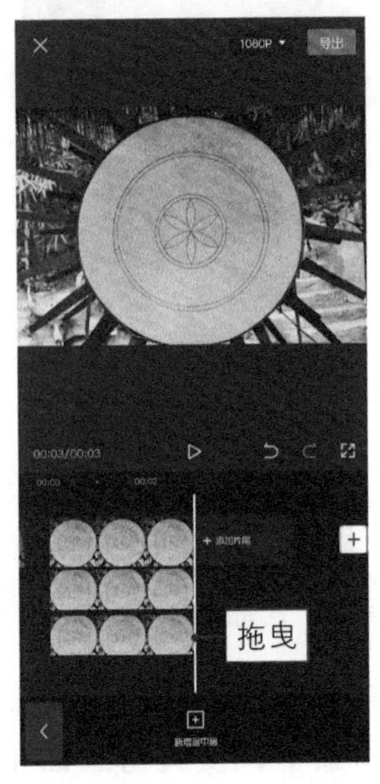

图 7–66　拖曳画中画轨道

步骤 07 ❶选择第2段画中画轨道；❷点击“蒙版”按钮，如图7–67所示。

步骤 08 点击“反转”按钮，如图7–68所示。

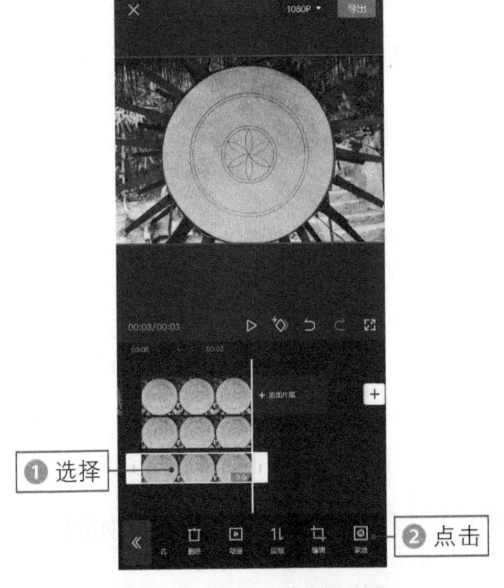

图 7–67　点击“蒙版”按钮

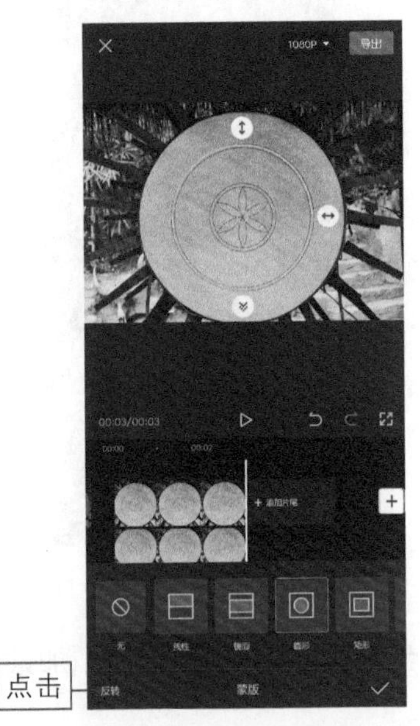

图 7–68　点击“反转”按钮

2. 旋转

“旋转”是编辑中的一种功能，应用一次该功能，画面会被顺时针旋转 90°　。

步骤 01 ❶ 返回并拖曳时间轴至起始位置；❷ 点击按钮，如图 7–69 所示。

步骤 02 添加一个关键帧，❶ 拖曳时间轴至 2s 位置；❷ 点击按钮，再次添加一个关键帧；❸ 点击工具栏中的“编辑”按钮，如图 7–70 所示。

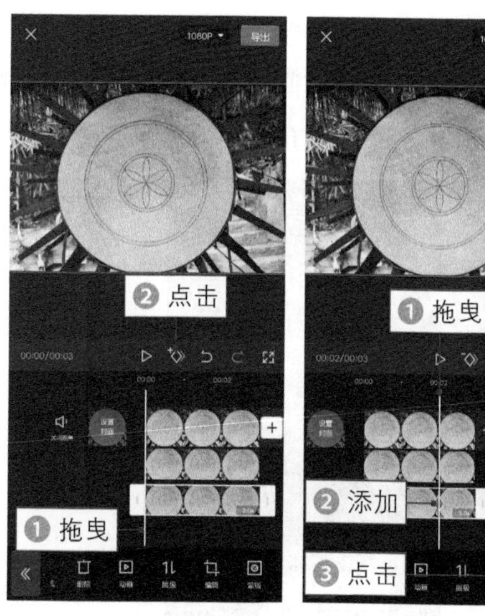

图 7–69　点击相应按钮　图 7–70　点击“编辑”按钮

步骤 03 ❶ 连续点击两次“旋转”按钮；❷ 在预览区域调整圆形位置，使其重合，如图 7–71 所示。

步骤 04 ❶拖曳时间轴至两个关键帧的中间位置；❷在预览区域再次调整圆形位置，使圆形图案重合；❸自动生成关键帧，如图7–72所示。

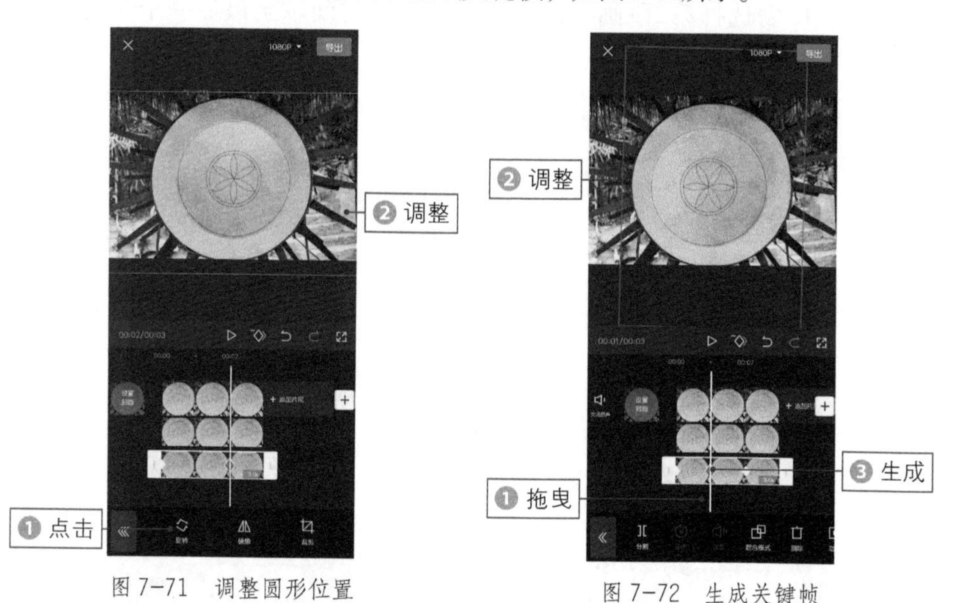

图 7–71　调整圆形位置　图 7–72　生成关键帧

步骤 05 采用同样的操作方法预览调整圆形位置，使其更加重合，❶拖曳时间轴至最后一个关键帧的后面；❷在预览区域向上拖曳圆形图案，使其移出画面；❸自动生成关键帧，如图7-73所示。

步骤06 拖曳时间轴至倒数第2个关键帧的位置，❶选择视频轨道；❷拖曳视频轨道右侧的白色拉杆，裁剪视频轨道，如图7-74所示。

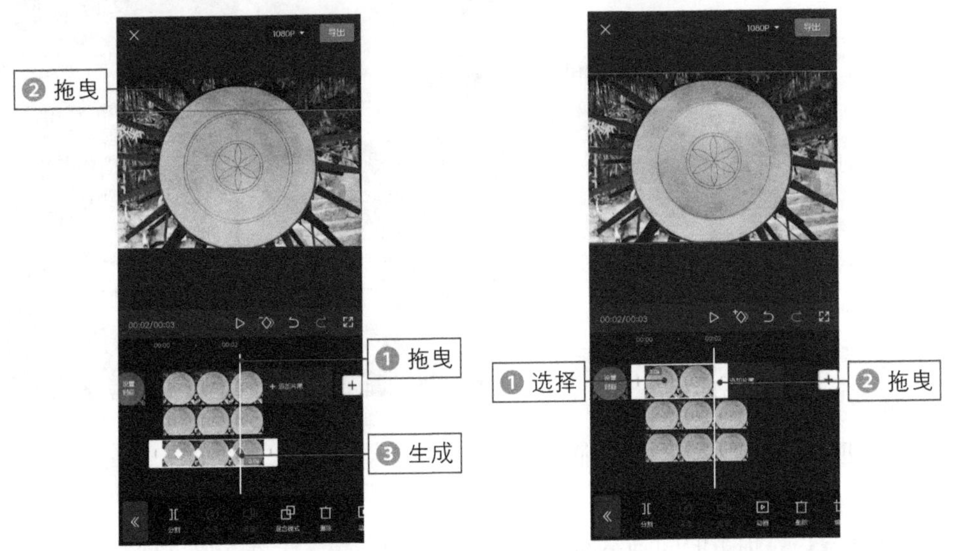

图7-73 关键帧自动生成　　图7-74 裁剪视频轨道

步骤07 ❶选择第2段画中画轨道；❷拖曳时间轴至最后一个关键帧的位置，如图7-75所示。

步骤08 ❶选择第1段画中画轨道；❷点击◇按钮，如图7-76所示。

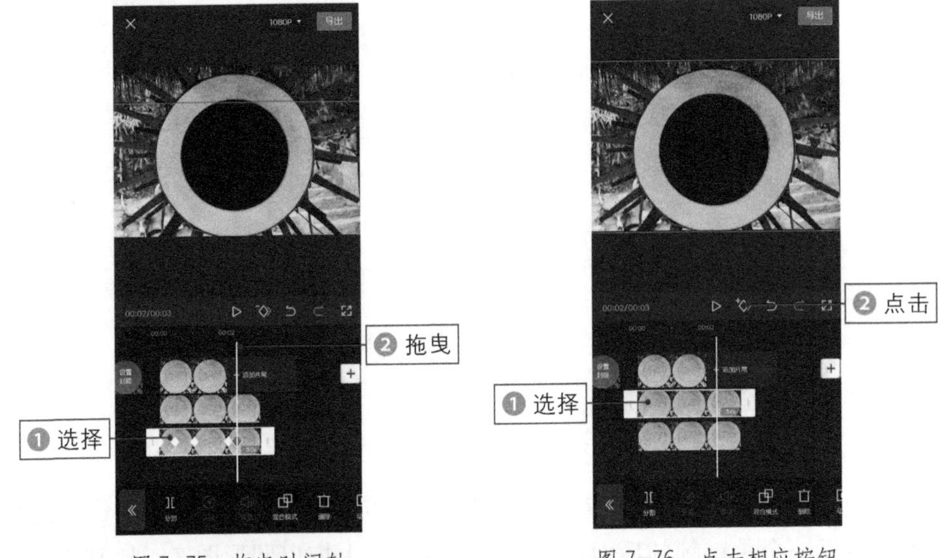

图7-75 拖曳时间轴　　图7-76 点击相应按钮

步骤 09 添加一个关键帧，❶拖曳时间轴至第1段画中画轨道的结束位置；❷点击◇按钮，再添加一个关键帧；❸在预览区域放大画面，直至画面全黑；❹点击+按钮，如图7–77所示。

步骤 10 执行操作后，导入第2个视频素材，如图7–78所示。

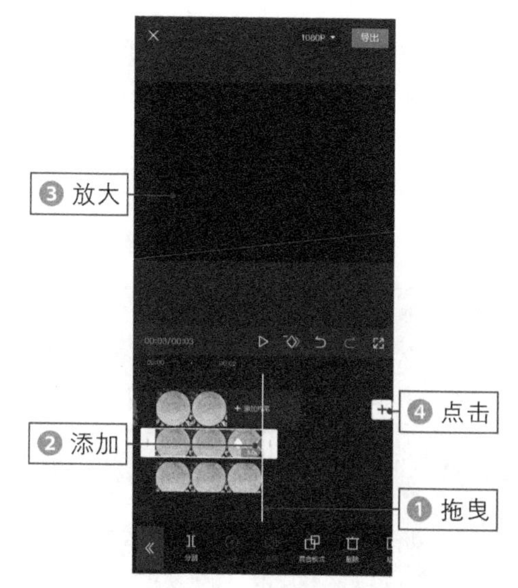

图 7–77　点击相应按钮

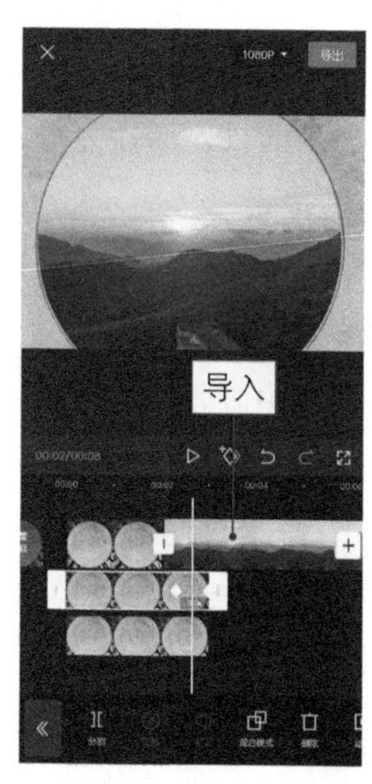

图 7–78　导入第 2 个视频素材

【效果赏析】：添加合适的背景音乐，点击“导出”按钮，导出并播放预览视频，效果如图 7–79 所示。可以看到第 1 个视频素材中的圆形图案原本是转动的，接着向上滑出画面，接着第 2 个视频素材出现在画面中，呈现出一个开盖的转场效果。

图 7–79　预览视频效果

TIPS 049 翻页转场：通过镜像翻转转场

扫码看教程

扫码看成片效果

翻页转场通过镜像翻转动画效果让画面之间的切换更加流畅，就像书本翻页一样。下面介绍使用剪映 App 制作翻页转场短视频的具体操作方法。

1. 切画中画

"切画中画"是一种添加画中画轨道的方法，当需要把视频轨道上的素材切换到画中画轨道上时，只需点击该按钮即可实现。

步骤 01 在剪映 App 中导入相应的素材，点击"画中画"按钮，如图 7-80 所示。

步骤 02 执行操作后，❶ 选择第 2 段视频轨道；❷ 点击下方工具栏中的"切画中画"按钮，如图 7-81 所示。

步骤 03 将第 2 段素材从视频轨道切换至画中画轨道后，长按该轨道并将其拖曳至起始位置，❶ 选择画中画轨道；❷ 点击"蒙版"按钮，如图 7-82 所示。

步骤 04 进入"蒙版"界面，❶选择"线性"蒙版；❷在预览区域调整蒙版的位置，顺时针旋转蒙版位置至 90°，如图7-83所示。

步骤 05 点击✓按钮返回，点击"复制"按钮，如图 7-84 所示。

步骤 06 将复制的轨道长按并拖曳至第2条画中画轨道中，❶选择第2

图 7-80　点击"画中画"按钮

图 7-81　点击"切画中画"按钮

图 7-82　点击"蒙版"按钮

图 7-83　调整蒙版位置

条画中画轨道中的第1段画中画轨道；❷点击“蒙版”按钮，如图7-85所示。

图 7-84　点击“复制”按钮

图 7-85　点击“蒙版”按钮

2. 反转蒙版

“反转”蒙版是指添加蒙版后，所需要的位置被遮住了，因此需要反转蒙版，让想要显示的地方显示出来，遮住不需要的地方。

步骤 01 点击“反转”按钮，反转蒙版，如图7-86所示。

步骤 02 点击✓按钮返回，❶选择第1段画中画轨道；❷拖曳其右侧的白色拉杆；❸将其时长设置为1.5s，如图7-87所示。

图 7-86　点击“反转”按钮

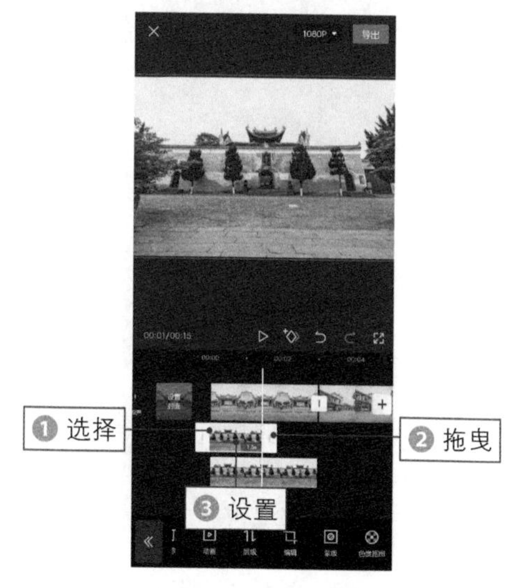

图 7-87　设置时长

步骤 03 ❶选择第1段视频轨道；❷点击“复制”按钮，如图7-88所示。

步骤 04 执行操作后，点击工具栏中的“切画中画”按钮，如图7-89所示。

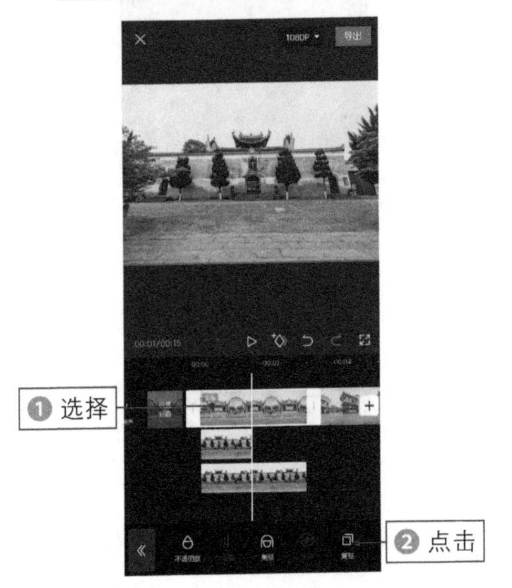

图 7-88　点击“复制”按钮

图 7-89　点击“切画中画”按钮

步骤 05 长按并向左拖曳复制的视频轨道，使其与第 1 段画中画轨道相接，❶ 选择切换至画中画轨道的第 2 段画中画轨道；❷ 点击“分割”按钮，如图 7-90 所示。

步骤 06 执行操作后，点击“蒙版”按钮，❶选择“线性”蒙版；❷在预览区域调整蒙版的位置，逆时针旋转蒙版位置至-90°，如图7-91所示。

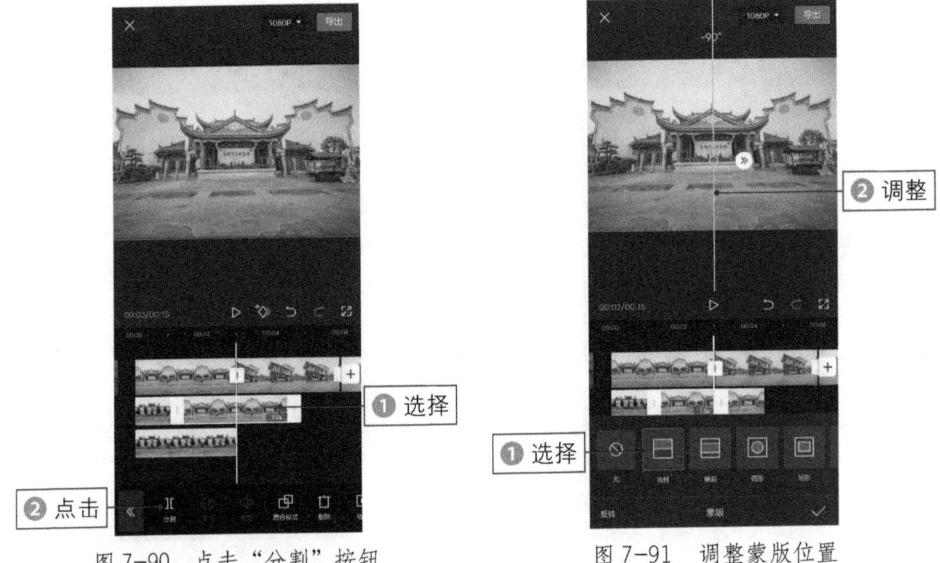

图 7-90　点击“分割”按钮

图 7-91　调整蒙版位置

3. 镜像翻转

“镜像翻转”是“入场动画”中的一种，添加该动画后，画面进入画框时会有一个像镜子一样翻转的效果。

步骤 01 点击✓按钮返回，依次点击“动画”按钮和“入场动画”按钮，如图7-92所示。

步骤 02 ❶ 选择“镜像翻转”动画效果；❷ 拖曳白色圆环滑块，调整入场动画的持续时长，将其动画时长拉至最大，如图 7-93 所示。

图 7-92　点击“入场动画”按钮

图 7-93　调整动画时长

步骤 03 ❶选择第1条画中画轨道中的第1段画中画轨道；❷点击“出场动画”按钮，如图7-94所示。

步骤 04 ❶选择“镜像翻转”动画效果；❷拖曳白色圆环滑块，调整出场动画的持续时长，将其动画时长拉至最大，如图7-95所示。

图 7-94　点击“出场动画”按钮

图 7-95　调整动画时长

【效果赏析】：采用同样的操作方法，为其余的素材添加线性蒙版，并添加合适的背景音乐。点击“导出”按钮，导出并播放预览视频，效果如图 7–96 所示。可以看到画面与画面之间的转场效果就像书本翻页一样自然流畅。

图 7–96　预览视频效果

TIPS 050 线条切割转场：镜面线性蒙版

线条切割转场是通过添加镜面蒙版和线性蒙版制作的一种转场效果。下面介绍使用剪映 App 制作线条切割转场短视频的具体操作方法。

扫码看教程

扫码看成片效果

1. 黑白场

“黑白场”是“素材库”中的一个选项卡，其中包括黑色背景、白色背景及透明背景等素材。

步骤 01 在剪映App中导入一段素材，依次点击“画中画”按钮和“新增画中画”按钮，如图7–97所示。

步骤 02 进入“照片视频”界面，切换至“素材库”选项，如图7–98所示。

步骤 03 进入“素材库”界面，❶在“黑白场”选项区域中选择一个剪映系统自带的白色背景素材；❷点击“添加”按钮，如图7–99所示。

步骤 04 导入白色背景素材，❶在预览区域放大画面，使其占满屏幕；❷点击工具栏中的“蒙版”按钮，如图7–100所示。

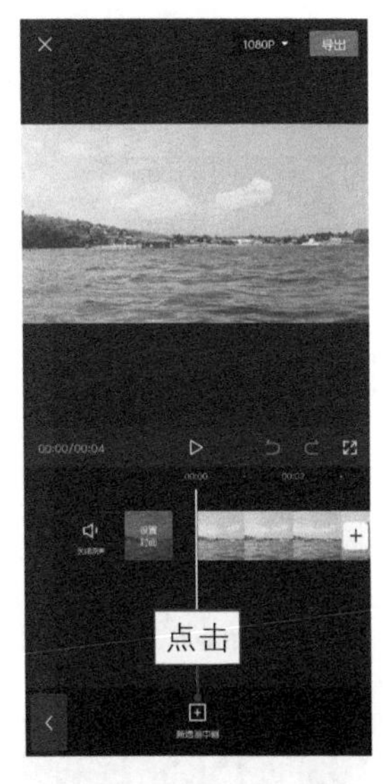

图 7–97　点击“新增画中画”按钮

图 7–98　切换至“素材库”选项

图 7–99　点击“添加”按钮

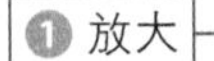

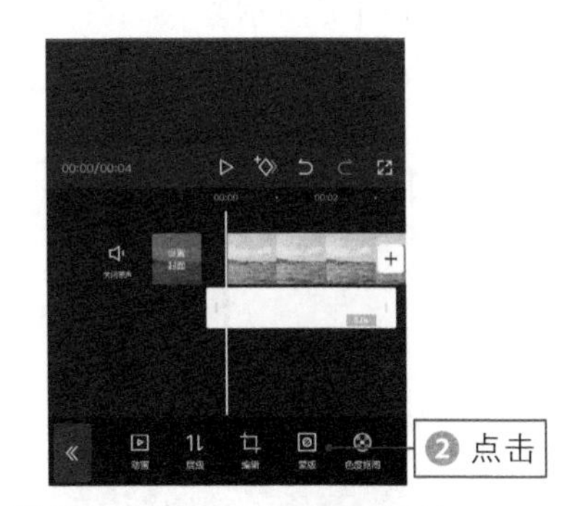

图 7–100　点击“蒙版”按钮

2. 镜面蒙版

“镜面”蒙版是一种蒙版形状，该蒙版由两条无限延伸的线组成。添加该蒙版后，画面会被分成 3 个部分。

步骤 01 进入“蒙版”界面，❶选择“镜面”蒙版；❷双指在预览区域将镜面蒙版缩小成线条，并调整至想要分割的位置，如图7–101所示。

步骤02 点击✓按钮返回，❶拖曳时间轴至1s的位置；❷点击◇按钮，如图7-102所示。

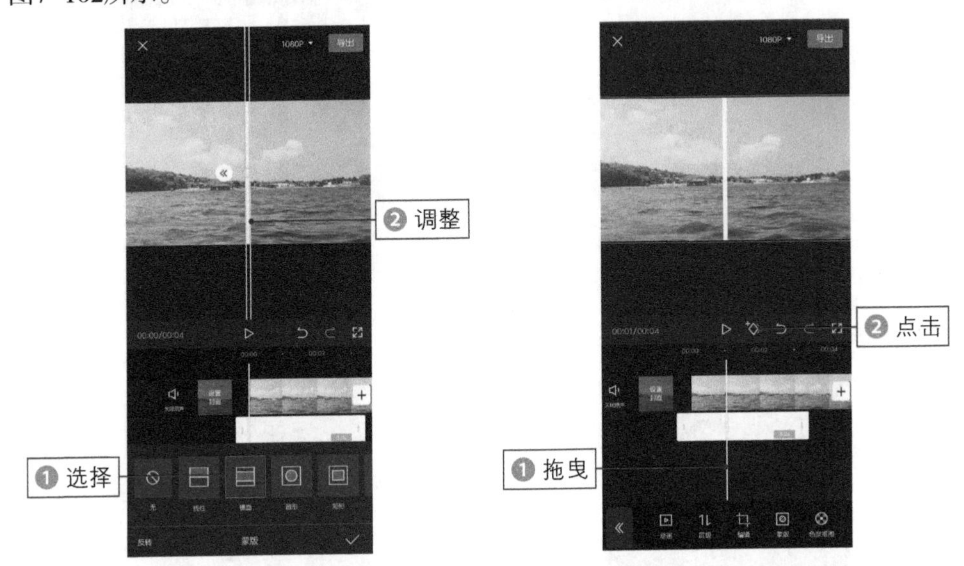

图 7-101　调整蒙版位置

图 7-102　点击相应按钮

步骤03 执行操作后添加一个关键帧，❶拖曳时间轴至起始位置；❷在预览区域将线条向上拖曳，直至移出画面；❸自动生成关键帧；❹点击“导出”按钮，如图7-103所示。

步骤04 执行操作后，显示导出进度，如图7-104所示。

图 7-103　点击“导出”按钮

图 7-104　显示导出进度

步骤05 导出完成后，点击‹按钮返回主界面。点击“开始创作”按钮，如图7–105所示。

步骤06 导入第2段素材，采用同样的操作方法，为其制作一条从左向右移动的线条，如图7–106所示。

图 7–105　点击“开始创作”按钮

图 7–106　制作移动的线条

步骤07 ❶ 长按并向右拖曳制作好的线条轨道，使其右侧与第 2 段素材的结束位置对齐；❷ 点击“导出”按钮，如图 7–107 所示。

步骤08 导出第 2 段添加了白色线条的素材，采用同样的操作方法，为其他的素材添加白色线条。点击“开始创作”按钮，❶ 导入刚刚导出的第 2 段素材；❷ 依次点击“画中画”按钮和“新增画中画”按钮，如图 7–108 所示。

步骤09 ❶ 导入第 1 段添加线条的素材；❷ 在预览区域放大画面，使其占满全屏；❸ 拖曳时间

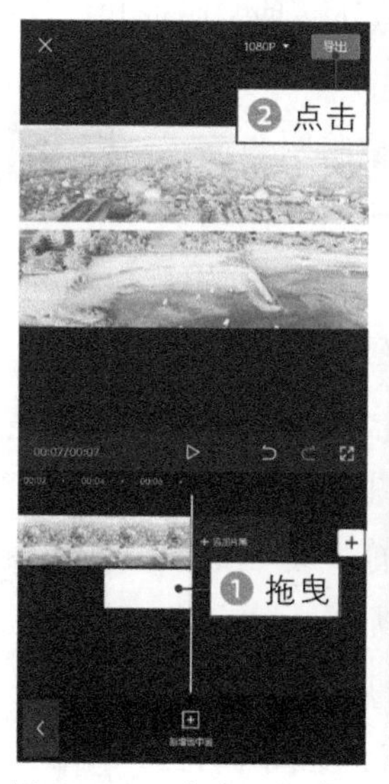

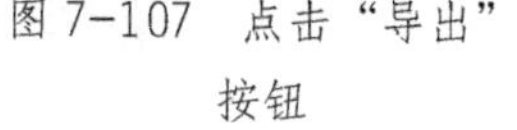

图 7–107　点击“导出”按钮

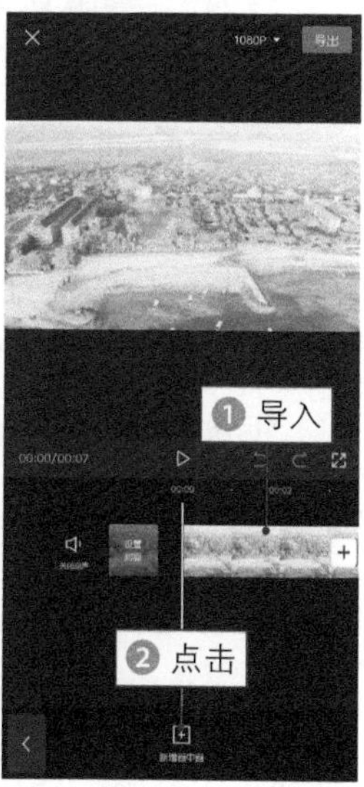

图 7–108　点击“新增画中画”按钮

轴至线条完全出来的位置；❹ 点击“分割”按钮，如图 7–109 所示。

步骤 10 ❶选择第1段素材的后面部分；❷点击“蒙版”按钮，如图7–110所示。

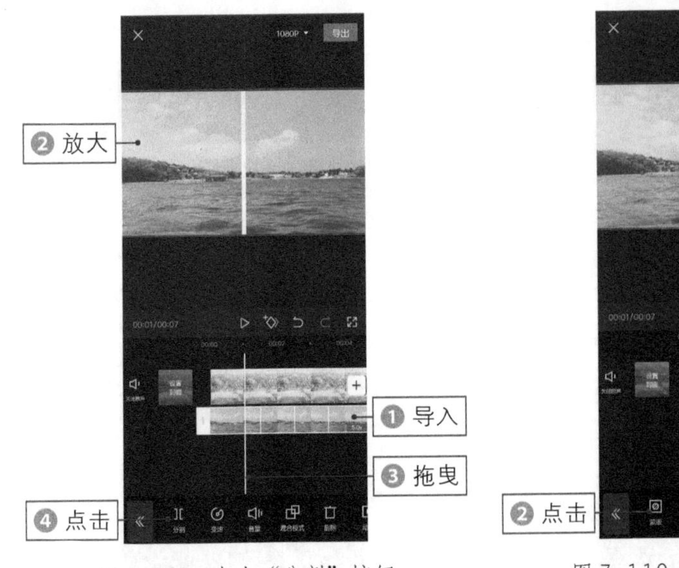

图 7–109 点击“分割”按钮

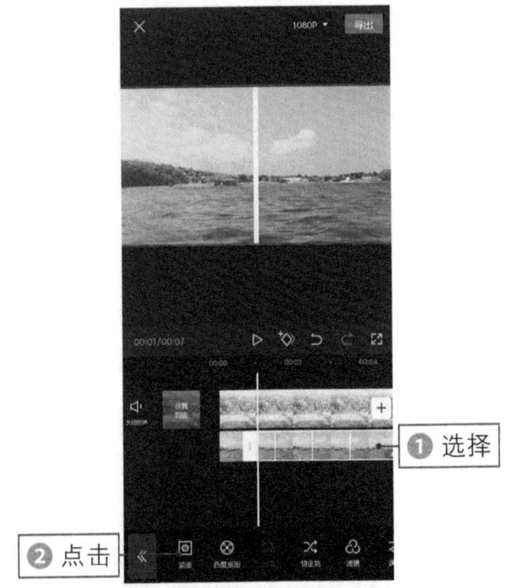

图 7–110 点击“蒙版”按钮

3. 线性蒙版

“线性”蒙版是另外一种蒙版形状，该蒙版只有一条线。添加该蒙版后，画面会被分成两个部分。

步骤 01 进入“蒙版”界面，❶ 选择“线性”蒙版；❷ 在预览区域调整蒙版的位置，顺时针旋转蒙版位置至 90°，如图 7–111 所示。

步骤 02 点击✓按钮返回，点击“复制”按钮，如图 7–112 所示。

步骤 03 长按并拖曳复制的轨道至第 2 条画中画轨道，使其与原轨道对齐，❶ 选择复制的轨道；❷ 点击“蒙版”按钮，如图 7–113 所示。

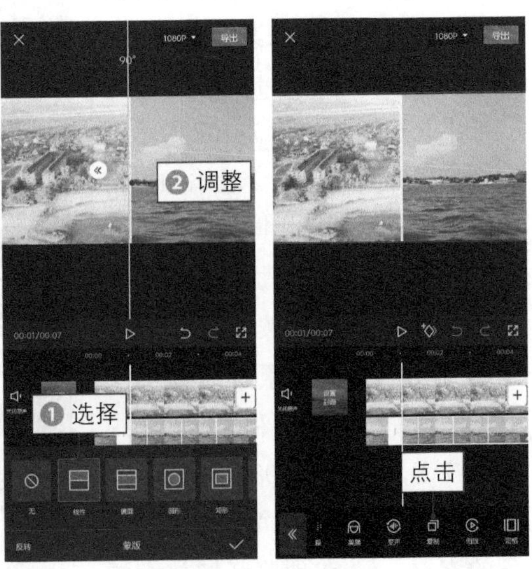

图 7–111 调整蒙版位置 图 7–112 点击“复制”按钮

步骤 04 点击"反转"按钮，如图7-114所示。

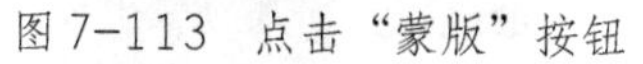
图 7-113　点击"蒙版"按钮

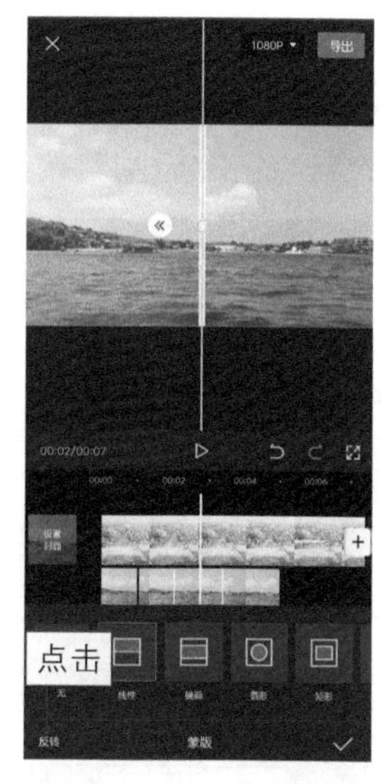

图 7-114　点击"反转"按钮

步骤 05 点击✓按钮返回，❶拖曳时间轴至两段画中画轨道的起始位置；❷点击◇按钮，分别为两段画中画轨道的起始位置添加一个关键帧，如图7-115所示。

步骤 06 ❶拖曳时间轴至2s的位置；❷选择原画中画轨道；❸在预览区域调整其画面位置，将其向右拖曳并移出画面；❹自动生成关键帧，如图7-116所示。

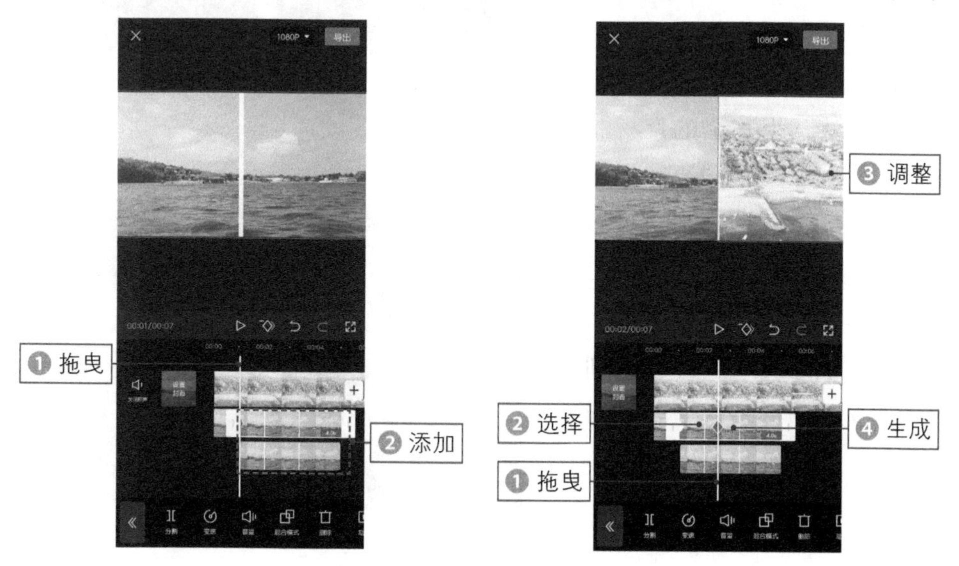

图 7-115　添加关键帧　　图 7-116　自动生成关键帧

步骤 07 ❶选择复制的画中画轨道；❷在预览区域调整其画面的位置，将其向左拖曳并移出画面；❹自动生成关键帧，如图7-117所示。

步骤 08 ❶拖曳时间轴至第2段素材中的线条完全出来的位置；❷选择第2段素材轨道；❸点击“分割”按钮，如图7-118所示。

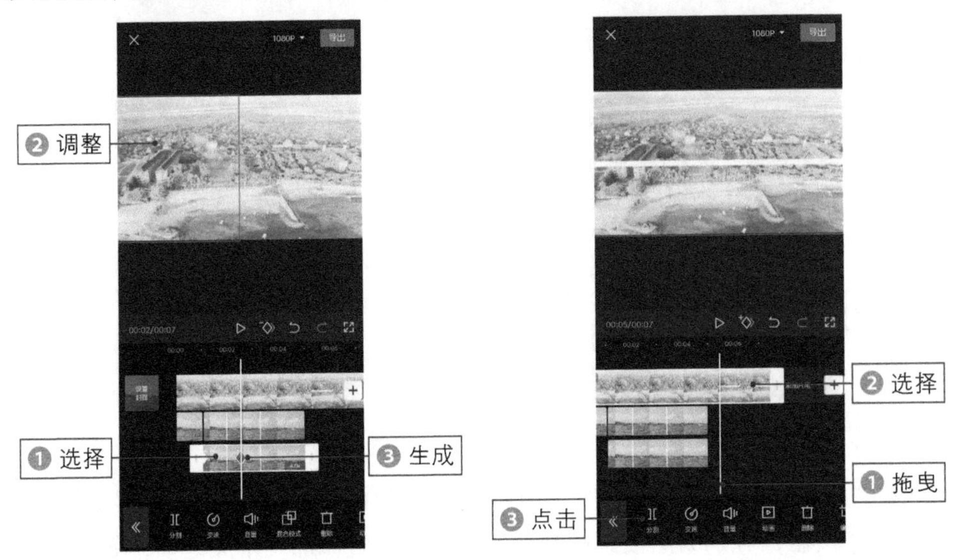

图 7-117　自动生成关键帧　　图 7-118　点击“分割”按钮

步骤 09 ❶ 选择第 2 段素材轨道的后面部分；❷ 点击“切画中画”按钮，如图 7-119 所示。

步骤 10 点击 + 按钮，导入第 3 段添加了线条的素材，采用同样的操作方法，为其余的素材制作线条分割效果，如图 7-120 所示。

【效果赏析】：执行操作后，添加合适的背景音乐。点击“导出”按钮，导出并播放预览视频，效果如图 7-121 所示。可以看到白色线条从画面外滑入，将画面切割成两半，实现转场效果。

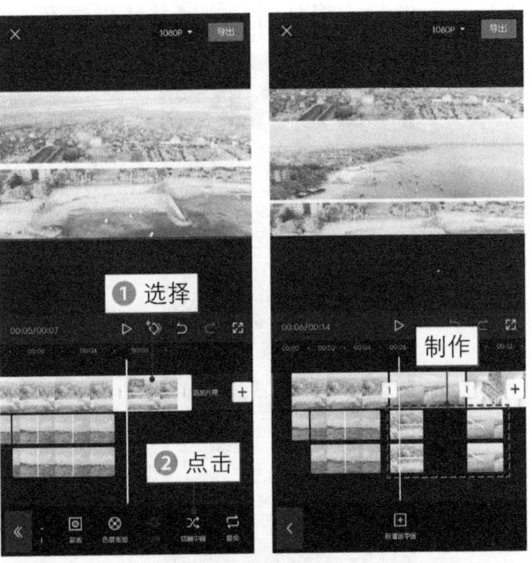

图 7-119　点击“切画中画”按钮　　图 7-120　为其余素材制作线条分割效果

图 7-121　预览视频效果

第 8 章

电影特效：轻松收获百万点赞

在短视频平台上，经常可以刷到很多电影中常常出现的画面，炫酷又神奇，非常受大众喜爱，轻轻松松就能收获百万点赞。本章将介绍摸什么都消失、穿门术、打响指下雪、挥手变天、人物飞天及慢动作 6 个电影特效的制作技巧，帮助读者制作出百万点赞的短视频。

TIPS 051 《摸什么都消失》：把自己变消失

“摸什么都消失”短视频，主要分为两个镜头，分别为摸道具和拿走道具。下面分别对其拍摄要点进行讲解。

扫码看教程

扫码看成片效果

1. 镜头一：摸道具

摸道具主要拍摄的是人物摸道具的画面。使用三脚架固定手机不动，拍摄人物摸道具的画面，如图8-1所示。

图 8-1　拍摄镜头一的场景

步骤 01 打开抖音App进入拍摄界面，❶切换至“分段拍”模式；❷点击●按钮进行拍摄，如图8-2所示。

步骤 02 在人物准备摸道具的位置，点击■按钮暂停，人物保持不动，如图8-3所示。

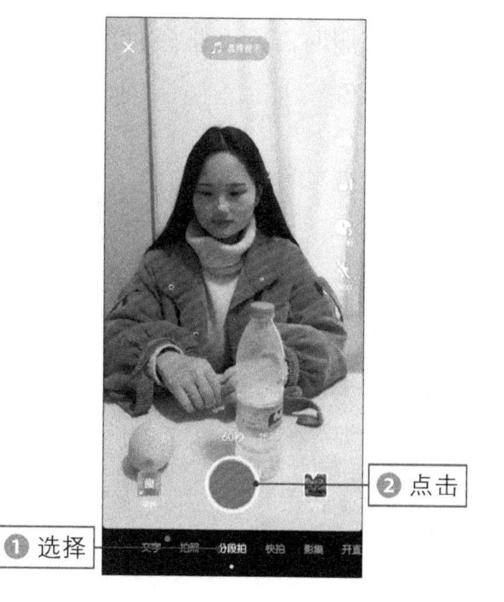

图 8-2　点击相应按钮开始拍摄

图 8-3　点击相应按钮暂停拍摄

2. 镜头二：拿走道具

步骤 01 执行操作后，拿走道具，再次点击 按钮进行拍摄，人物空抓一下，如图8-4所示。

图 8-4　点击相应按钮

步骤 02 继续进行拍摄，拍出“扑空”的画面效果。重复同样的操作，继续暂停拿走道具，❶最后人物摸自己的脸，点击 ■ 暂停，把衣服脱下来；❷点击 按钮拍摄，丢衣服，如图8-5所示。注意，扔衣服时需要迅速将手缩回去，以免出现破绽。

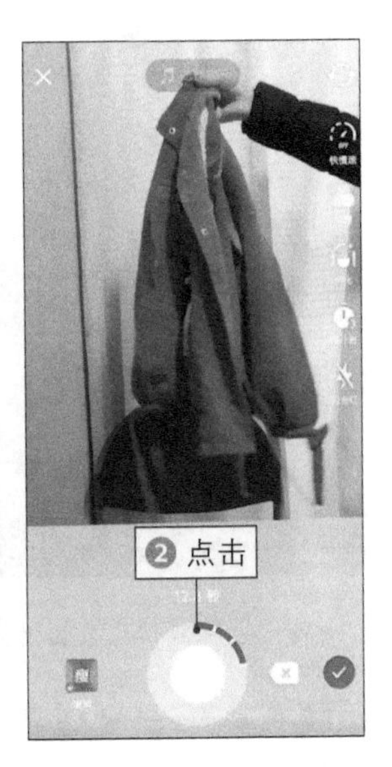

图 8-5　点击相应按钮

【效果赏析】：最后添加合适的背景音乐，观看成品效果，一个人用手去抓桌上的物品，物品却总是消失，最后摸了一下自己的脸，连自己也消失了，非常有趣，如图 8-6 所示。

图 8-6　预览视频效果

TIPS● 052 《穿门术》：轻松穿过紧闭的铁门

“穿门术”是利用画面分割功能，将两个画面完美地结合在一起。拍摄时需要保持两个画面在同一机位，下面简单介绍其具体操作方法。

扫码看教程

扫码看成片效果

1. 镜头一：拍摄人物走过去跳一下的画面

使用三脚架固定手机，拍摄一段人物向前走路的画面，如图 8-7 所示。固定手机机位，拍摄人物从镜头侧面跑向前方的画面时，注意人物进入镜头后要处于画面的中间位置。

当人物走到门的位置时跳一下，如图 8-8 所示。

图 8-7　拍摄人物进入镜头画面

图 8-8　拍摄人物跳一下的场景

2. 镜头二：拍摄人物与衣服分离的画面

保持手机的机位固定不变，拍摄一段人物在门的另一边跳一下，同时衣服在门的这一边掉在地上的画面，如图 8-9 所示。拍摄时需要注意，人物跳起的同时要把衣服扔出去，并且扔衣服的人要站在手机的侧面，不能出现在画面中。

图 8-9　拍摄人物与衣服分离的场景

3. 后期处理：分割

后期主要运用剪映 App 对视频进行分割处理，具体操作如下。

步骤 01 在剪映App中导入拍摄好的两段视频素材，如图8-10所示。

步骤 02 ❶选择第1段视频轨道；❷拖曳时间轴至人物起跳的位置；❸点击“分割”按钮，如图8-11所示。

图 8-10　导入视频素材

图 8-11　点击“分割”按钮

步骤 03 删除多余的视频轨道，❶选择第2段视频轨道；❷拖曳时间轴至人物起跳的位置；❸点击“分割”按钮，如图8-12所示。

步骤 04 删除多余的视频轨道，如图8-13所示。

图 8-12　点击“分割”按钮

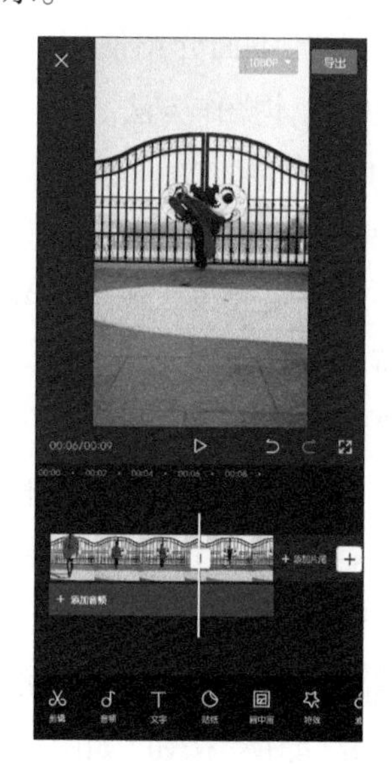

图 8-13　删除多余的视频轨道

【效果赏析】：最后添加合适的背景音乐，观看成品效果，一个人走到一道铁门前跳了一下，结果她就穿过了门，但衣服却留在了门的这一边，如图 8-14 所示。

图 8-14 预览视频效果

TIPS 053 《打响指下雪》：大雪纷飞的效果

“打响指下雪”是一个非常神奇有趣的短视频，打一个响指就能下雪。下面介绍使用剪映 App 制作打响指下雪短视频的具体操作方法。

扫码看教程

扫码看成片效果

1. 鲜亮滤镜

“鲜亮”滤镜是“清新”选项卡中的一种滤镜效果，利用它可以提高画面的亮度和色彩。

步骤 01 在剪映 App 中导入一段素材，❶ 拖曳时间轴至打响指的位置；❷ 点击“分割”按钮，如图 8-15 所示。

步骤 02 ❶ 选择第 2 段视频轨道；❷ 点击“滤镜”按钮，如图 8-16 所示。

图 8-15 点击“分割”按钮

图 8-16 点击“滤镜”按钮

步骤 03 ❶ 切换至“清新”选项卡；❷ 选择“鲜亮”滤镜，如

图 8-17 所示。

步骤 04 返回并点击“特效”按钮，如图8-18所示。

图 8-17　选择“鲜亮”滤镜

图 8-18　点击“特效”按钮

2. 大雪特效

“大雪”特效是“自然”选项卡中的一种特效，雪景效果非常逼真，添加在合适的场景中非常唯美浪漫。

步骤 01 ❶ 切换至“自然”选项卡；❷ 选择“大雪”特效，如图 8-19 所示。

步骤 02 拖曳特效轨道右侧的白色拉杆，调整特效时长，使其与第 2 段视频时长保持一致，如图 8-20 所示。

步骤 03 ❶ 拖曳时间轴至准备打响指的位置；❷ 依次点击“音频”按钮和“音效”按钮，如图 8-21 所示。

步骤 04 点击“搜索”选项栏，❶ 输入想要添加的音效名称；

图 8-19　选择“大雪”特效

图 8-20　调整特效时长

❷ 在下方找到需要添加的音效，点击“使用”按钮，如图 8-22 所示。

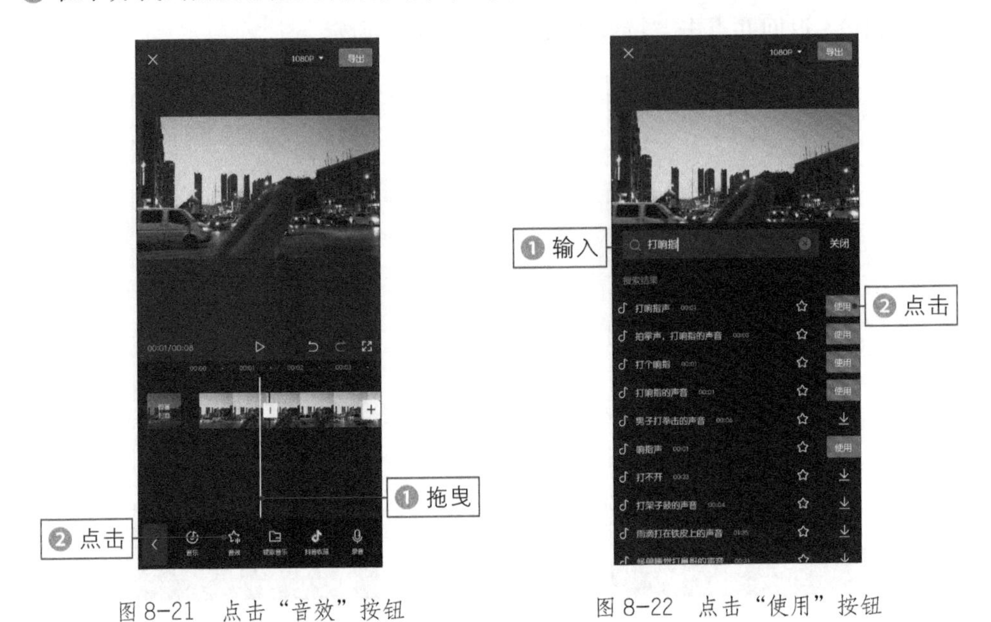

图 8-21　点击“音效”按钮

图 8-22　点击“使用”按钮

【效果赏析】：最后添加合适的背景音乐，点击“导出”按钮，导出并播放预览视频，效果如图 8-23 所示。可以看到，人物打完响指后开始下雪，同时画面整体变亮。

图 8-23　预览视频效果

TIPS 054 《挥手变天》：轻松看到星辰大海

本节将介绍“挥手变天”效果的拍摄方法，使用固定镜头拍摄一段有天空的画面，然后通过一些特别的动作实现转场，进而切换至合成的星空效果。

扫码看教程

扫码看成片效果

1. 拍摄：人物挥手的动作

拍摄一段人物看天挥手的画面，如图 8-24 所示。

图 8-24　拍摄人物看天挥手的画面

2. 后期：合成星空效果

在剪映 App 中导入拍好的视频素材，通过“画中画”和“混合模式”功能对视频进行合成处理，并添加相应的滤镜和特效，下面简单介绍其具体操作方法。

步骤 01 在人物挥手的位置处分割视频轨道，如图8-25所示。

步骤 02 点击“画中画”按钮，添加一个星空视频，并适当调整其大小和位置，如图 8-26 所示。

步骤 03 选择画中画视频轨道，点击“混合模式”按钮，选择“正片叠底”选项，合成画面，如图 8-27 所示。

图 8-25　分割视频轨道

图 8-26　添加画中画视频

图 8-27　选择“正片叠底”选项

步骤04 返回并点击“蒙版”按钮，❶选择“线性”蒙版；❷在预览区域调整其位置；❸向下拖曳按钮，调整羽化值，如图8-28所示。

步骤05 选择分割后的第2段视频轨道，点击“调节”按钮，进入“调节”界面，❶选择“亮度”选项；❷拖曳白色圆环滑块，将其参数调至-36，如图8-29所示。

步骤06 ❶选择“对比度”选项；❷拖曳白色圆环滑块，将其参数调至23，如图8-30所示。

图8-28 调整羽化值

图8-29 调节“亮度”参数

图8-30 调节“对比度”参数

步骤07 ❶选择“色温”选项；❷拖曳白色圆环滑块，将其参数调至-50，如图8-31所示。

步骤08 返回并点击“特效”按钮，选择Bling选项卡中的“星星闪烁Ⅱ”特效，如图8-32所示。

【效果赏析】：将“星星闪烁Ⅱ”特效轨道调整至与第2段视频同长，最后给视频添加合适的背景音乐，点击“导出”按钮，导出并播放预览视频，效果如图8-33所示。可以看到，随着人物挥手动作的出现，

图8-31 调节“色温”参数

图8-32 选择“星星闪烁II”特效

天空突然变成了银河星空，同时整个画面也随之变黑，并出现了星光闪耀的效果。

图 8-33　预览视频效果

TIPS 055 《人物飞天》：齐天大圣飞天效果

本节介绍“人物飞天”效果的拍摄方法及后期处理方法，帮助大家制作出电影中经常出现的飞天效果。

扫码看教程

扫码看成片效果

1. 镜头一：拍摄人物奔跑起飞画面

使用三脚架固定手机，拍摄一段人物向前奔跑并摆出起飞动作的画面，如

图 8-34 所示。固定手机机位，拍摄人物从镜头侧面跑向前方的画面时，注意人物进入镜头后要处于画面的中间位置。

当人物跑到靠近湖边的位置时，张开双手并踮起脚尖，做出飞翔的动作，如图 8-35 所示。

图 8-34　拍摄人物进入镜头画面

图 8-35　拍摄人物做飞翔动作

2. 镜头二：拍摄无人的空镜头画面

保持手机的机位固定不变，拍摄一段无人的空镜头画面，如图 8-36 所示。拍摄前注意选好构图方式，可以多出现一些天空的场景，为人物“起飞”后留下足够的运动空间。

图 8-36　拍摄无人的空场景

3. 后期处理：抠像合成并添加动画

后期主要运用美册 App 对视频进行抠像处理，然后使用剪映 App 合成画面并制作动画效果，具体操作方法如下。

步骤 01 在剪映App中导入拍摄好的两个视频素材，如图8-37所示。

步骤 02 拖曳时间轴至人物做飞天动作的位置，点击“分割”按钮，❶删除第1段视频轨道后面多余的部分；❷点击全屏按钮，如图8-38所示。

图 8-37　导入视频素材

步骤 03 全屏预览视频并截图，如图8-39所示。

步骤 04 打开美册 App，在"首页"界面中点击"万物抠图"按钮，如图 8-40 所示。

图 8-38　点击全屏按钮

图 8-39　全屏截图

图 8-40　点击"万物抠图"按钮

步骤 05 进入手机相册，选择刚才截图的素材，如图8-41所示。

步骤 06 进入"通用"界面，点击"人物"按钮，如图8-42所示。

步骤 07 切换至"人物"选项卡，点击"抠图"按钮，如图8-43所示。

图 8-41　选择素材

图 8-42　点击“人物”按钮

图 8-43　点击“抠图”按钮

步骤 08 执行操作后，开始进行智能抠图处理，如图8-44所示。

步骤 09 稍等片刻，❶即可抠出人物图像；❷点击“保存本地”按钮，保存图片，如图8-45所示。

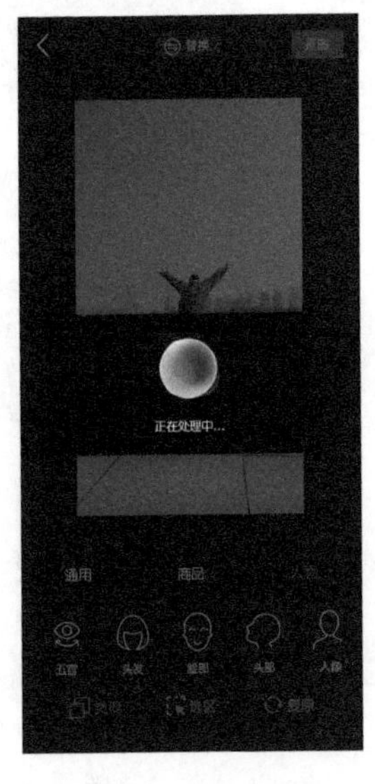

图 8-44　智能抠图处理

图 8-45　点击“保存本地”按钮

步骤 10 返回剪映 App，❶ 点击“画中画”按钮；❷ 点击“新增画中画”按钮，如图 8-46 所示。

图 8-46　点击相应按钮

步骤11 进入“照片视频”界面，❶ 选择刚才抠好的人物图片；❷ 点击“添加”按钮，如图 8-47 所示。

步骤12 拖曳画中画轨道右侧的白色拉杆，调整画中画轨道的时长，使其与视频时长保持一致，如图8-48所示。

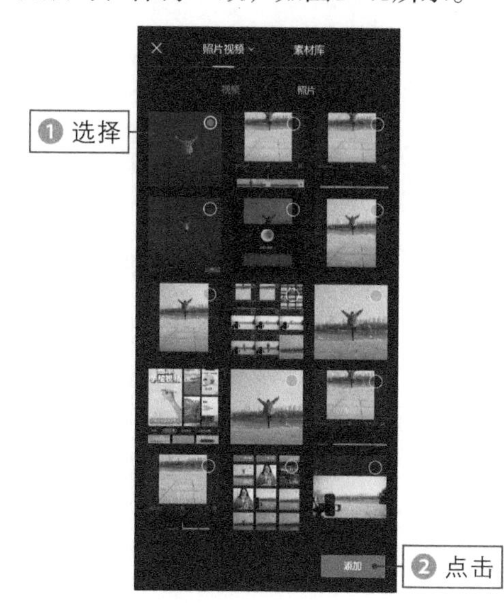

图 8-47　点击“添加”按钮

图 8-48　调整画中画时长

步骤13 ❶在预览区域将画中画素材的画面放大；❷点击添加关键帧按钮，如图8-49所示。

步骤 14 在画中画轨道的起始位置处添加一个关键帧，如图8-50所示。

图 8-49　点击相应按钮

图 8-50　添加关键帧

步骤 15 ❶将时间轴拖曳至画中画轨道的结束位置；❷将人物图像拖曳至天空，如图8-51所示。

步骤 16 ❶缩小人物图像；❷自动生成关键帧，如图8-52所示。

图 8-51　拖曳人物图像

图 8-52　生成关键帧

【效果赏析】：最后添加合适的背景音乐，点击“导出”按钮，导出并播放预览视频，效果如图 8-53 所示。可以看到，当人物跑到湖边时，张开双手的瞬间突然飞向天空，然后慢慢变小，模拟出“齐天大圣升空”的效果。

图 8-53　预览视频效果

TIPS 056 《慢动作》：高级的文艺电影风格

“慢动作”是一个非常火的视频效果，在某一个节点将视频的播放速度放慢，就能达到该效果。下面介绍使用剪映 App 制作慢动作短视频的具体操作方法。

扫码看教程

扫码看成片效果

1. 变速

在制作短视频时，不仅拍摄时需要控制速度，后期剪辑时也可以控制速度，利用剪映 App 的变速功能就能实现变速。

步骤 01 在剪映App中导入一段素材，并添加合适的背景音乐。选择视频轨道，❶拖曳时间轴至需要慢下来的位置；❷点击“分割”按钮，如图8-54所示。

步骤 02 ❶ 选择第 1 段视频轨道；❷ 点击“变速”按钮，如图 8-55 所示。

步骤 03 点击“常规变速”按钮，如图8-56所示。

步骤 04 进入“变速”界面，拖曳红色圆环滑块，将其播放速度设置为2.2×，如图 8-57 所示。

图 8-54 点击“分割”按钮

图 8-55 点击“变速”按钮

图 8-56 点击“常规变速”按钮

图 8-57 设置播放速度

步骤 05 ❶选择第2段视频轨道；❷拖曳红色圆环滑块，将其播放速度设置为

0.3×，如图8-58所示。

步骤 06 返回并点击“滤镜”按钮，如图8-59所示。

图 8-58 设置播放速度

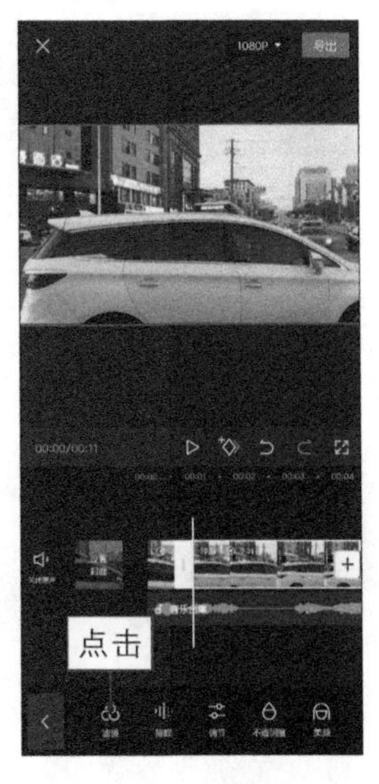

图 8-59 点击“滤镜”按钮

2. 电影滤镜

电影滤镜是剪映 App 中的一个滤镜选项卡，其中包括了很多经典电影的滤镜效果。

步骤 01 进入“滤镜”界面，❶ 切换至“电影”选项卡；❷ 选择“敦刻尔克”滤镜，如图 8-60 所示。

步骤 02 返回并点击工具栏中的“调节”按钮，如图 8-61 所示。

步骤 03 进入“调节”界面，❶ 选择“亮度”选项；❷ 拖曳滑块，将其参数调至 -15，如图 8-62 所示。

图 8-60 选择“敦刻尔克”滤镜

图 8-61 点击“调节”按钮

步骤 04 ❶选择“对比度”选项；❷拖曳滑块，将其参数调至-17，如图8-63所示。

步骤 05 ❶ 选择“饱和度”选项；❷ 拖曳滑块，将其参数调至 22，如图 8-64 所示。

图 8-62 调节“亮度”参数

图 8-63 调节“对比度”参数

图 8-64 调节“饱和度”参数

步骤 06 ❶选择“锐化”选项；❷拖曳滑块，将其参数调至21，如图8-65所示。

步骤 07 ❶选择“色温”选项；❷ 拖曳滑块，将其参数调至 -36，如图 8-66 所示。

步骤 08 返回并点击转场按钮 ，如图8-67所示。

图 8-65 调节“锐化”参数

图 8-66 调节“色温”参数

图 8-67 点击相应按钮

步骤 09 ❶在“基础转场”选项卡中选择“闪白”转场；❷拖曳滑块，将转场时长调整为0.2s，如图8-68所示。

步骤 10 返回并点击“新建文本”按钮，❶ 在文本框中输入符合主题的文字内容；❷ 选择合适的字体样式；❸ 在预览区域调整文字的位置和大小，如图 8-69 所示。

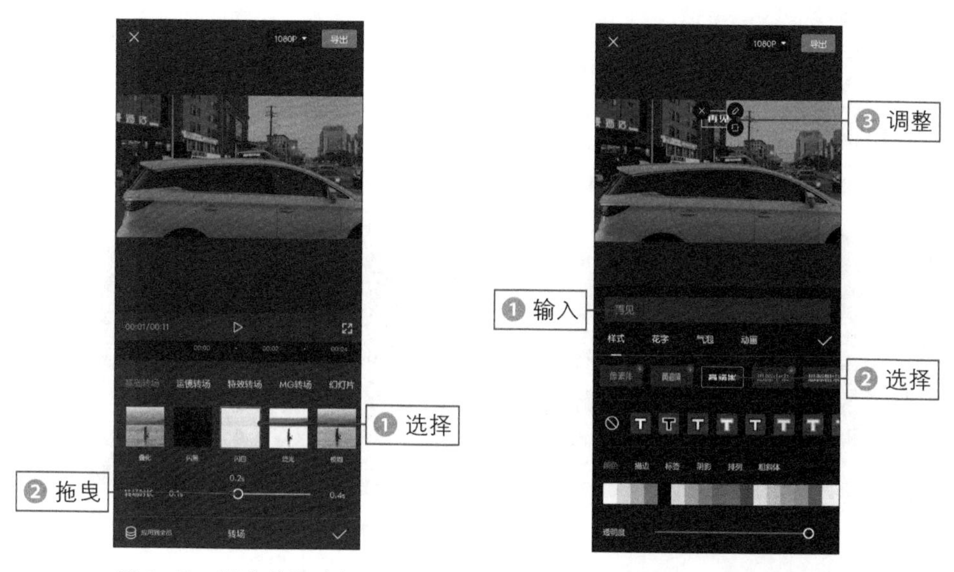

图 8-68　调整转场时长　　图 8-69　调整文字的位置和大小

步骤 11 采用同样的操作方法再添加其他的文字内容，❶ 在添加第 3 段文字时，可以更换另一种文字样式；❷ 在预览区域调整文字的位置和大小；❸ 点击“排列”按钮，拖曳滑块，适当调整字间距，如图 8-70 所示。

步骤 12 点击“动画”按钮，❶ 切换至“循环动画”选项卡；❷ 选择“故障闪动”动画；❸ 拖曳滑块，适当调整动画速度，如图 8-71 所示。

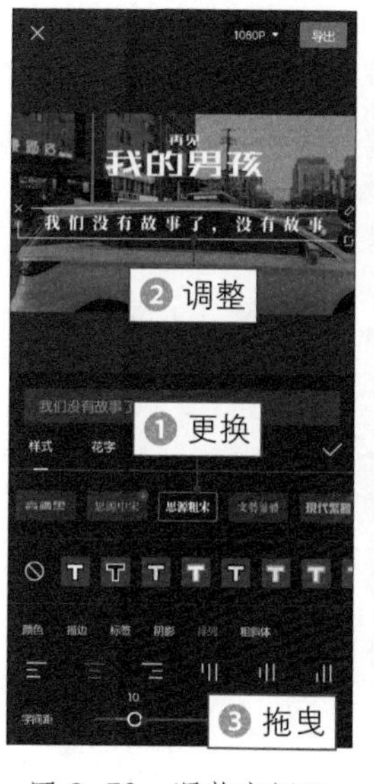

图 8-70　调整字间距　　图 8-71　调整动画速度

【效果赏析】：采用同样的操作方法，再添加其他的文字内容，最后调整文字轨道的时长，导出并观看视频效果，如图 8-72 所示。可以看到，画面突然慢了下来，同时，文字出现在画面中。

图 8-72　预览视频效果

第 9 章

热门 Vlog：让你秒变视频达人

Vlog 是 Video Weblog 或 Video Blog 的简称，意为用视频记录生活或日常，即通过拍摄视频的方式来记录日常生活中的点滴画面。不管是记录一次下班回家的过程，还是一场旅行，都可以成为 Vlog 的拍摄主题。即使是平凡的生活，在 Vlog 中也可以变得十分精彩！

TIPS● 057

下班回家：轻松记录美好生活

本案例拍摄的是一个下班回家的Vlog视频，记录的是在马路边看到的车流、自己走过的草地及落日等场景，下面介绍其制作方法。

扫码看教程　扫码看成片效果

1. 拍摄视频素材

本案例需要拍摄3段视频素材，主要是以下3个镜头画面。镜头一拍摄的是一段车流素材，用三脚架固定手机，然后将其摆放在马路边进行拍摄，如图9–1所示。

图 9–1　拍摄镜头一的场景

镜头二拍摄的是人物走路的脚的素材，人物需手持拍摄设备一边拍摄一边向前走，如图 9–2 所示。

图 9–2　拍摄镜头二的场景

镜头三拍摄的是落日，镜头首先拍摄的是地面，然后缓缓向上摇动镜头，如图 9-3 所示。

图 9-3　拍摄镜头三的场景

2. 后期剪辑

本案例的后期剪辑主要包括 3 个重要步骤，❶ 通过“常规变速”功能，将每段视频的播放速度设置为 0.5×，起到渲染气氛的作用；❷ 在每两个片段之间添加一个 0.5s 的“叠化”转场；❸ 添加一个“开幕”特效，最后添加合适的背景音乐和字幕，即可完成下班回家 Vlog 视频的制作。下面介绍具体的操作方法。

步骤 01 在剪映App中导入拍摄好的视频素材，❶选择第1段视频轨道；❷依次点击“变速”按钮和“常规变速”按钮，如图9-4所示。

步骤 02 进入“变速”界面，拖曳红色圆环滑块，将其播放速度设置为0.5×，如图9-5所示。

图 9-4　点击“常规变速”按钮

图 9-5　设置播放速度

步骤03 采用同样的操作方法，将另外两段视频的播放速度也设置为0.5×。点击第1个转场按钮▌，如图9-6所示。

步骤04 ❶选择“基础转场”选项卡中的“叠化”转场；❷拖曳滑块，将其转场时长设置为0.5s，如图9-7所示。

步骤05 采用同样的操作方法，为第2段视频素材与第3段视频素材之间也添加一个0.5秒的“叠化”转场，拖曳时间轴至起始位置，点击“特效”按钮，如图9-8所示。

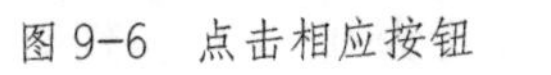

图9-6　点击相应按钮　　图9-7　设置转场时长

步骤06 在“基础”选项卡中选择“开幕”特效，如图9-9所示。

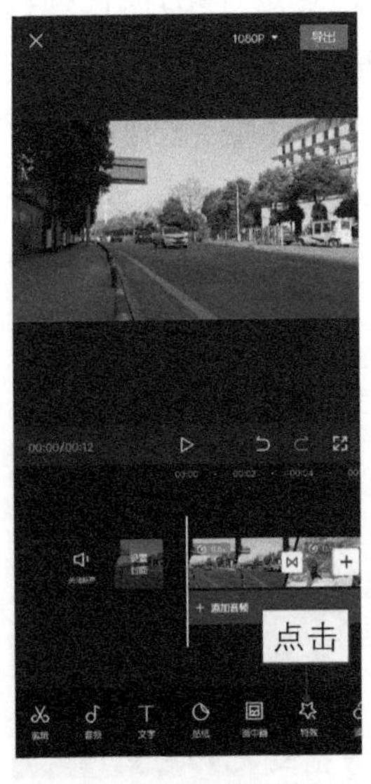

图9-8　点击“特效”按钮

图9-9　选择“开幕”特效

步骤07 返回并点击“新增特效”按钮，在“基础”选项卡中选择“电影画幅”特效，如图9-10所示。

步骤08 返回并拖曳“电影画幅”特效轨道右侧的白色拉杆，调整特效的持续时长，使其与视频轨道对齐，如图9-11所示。

图 9-10　选择“电影画幅”特效

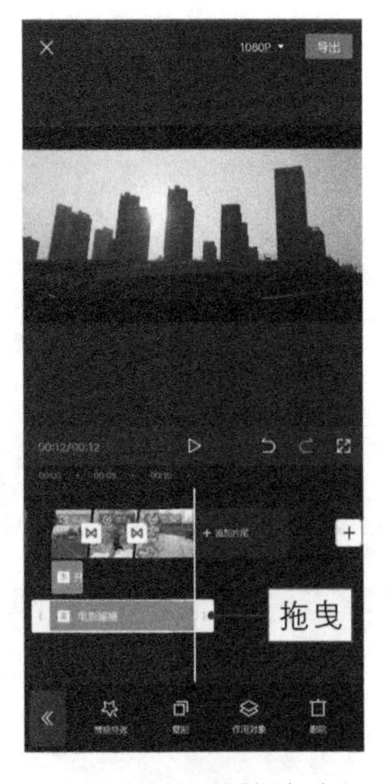

图 9-11　调整特效时长

步骤 09 返回并依次点击“音频”按钮和“音乐”按钮，添加合适的背景音乐，如图 9-12 所示。

步骤 10 依次点击“文字”按钮和“识别歌词”按钮，自动添加字幕，❶ 在预览区域调整字幕的位置和大小；❷ 设置字体样式，如图 9-13 所示。

图 9-12　添加背景音乐

图 9-13　设置字体样式

【效果赏析】：点击“导出”按钮，导出并播放预览视频，效果如图9-14所示。可以看到，黑幕缓缓拉开，第一个画面是车辆驶过，接着是往前行走的脚，最后画面定格在落日上。

图9-14　预览视频效果

TIPS 058　旅行大片：拍出文艺电影风格

本案例拍摄的是一个人在外旅行的Vlog视频，其讲述的主要内容是一个人去旅行时，所看到的好看的事物和美丽的风景，下面介绍其制作方法。

扫码看教程

扫码看成片效果

1. 素材展示

一个人旅行 Vlog 视频主要拍摄两段视频素材，❶ 围绕有特色的路灯延半弧形路径运镜，拍摄一段路灯的视频素材；❷ 把手机放在远处拍摄一段人物从风景中走过的视频素材，如图 9–15 所示。

图 9–15　拍摄一个人旅行 Vlog 视频素材

2. 后期处理

后期处理主要分为 4 步，❶ 为第 1 段视频素材添加一个“跳接”变速；❷ 将第 2 段视频素材的播放速度设置为 0.5×；❸ 添加一个“蒸汽波”滤镜；❹ 选择一个合适的贴纸效果。下面介绍具体的操作方法。

步骤 01 在剪映App中导入拍摄好的视频素材，❶选择第1段视频轨道；❷依次点击“变速”按钮和“曲线变速”按钮，如图9–16所示。

步骤 02 进入“曲线变速”界面，选择“跳接”变速，点击“点击编辑”按钮，如图 9–17 所示。

图 9–16　点击“曲线变速”按钮

图 9–17　点击“点击编辑”按钮

步骤 03 进入“跳接”界面，拖曳变速点，适当调整变速点的位置，如图 9-18 所示。

步骤 04 ❶ 返回选择第 2 段视频轨道；❷ 依次点击“变速”按钮和“常规变速”按钮，将其播放速度设置为 0.5×，如图 9-19 所示。

步骤 05 返回并点击转场按钮 ▯，❶ 选择“基础转场”选项卡中的“叠化”转场；❷ 拖曳滑块，将其转场时长设置为 0.5s，如图 9-20 所示。

图 9-18 调整变速点的位置　图 9-19 设置播放速度

步骤 06 选择第 1 段视频轨道，点击“滤镜”按钮，❶ 选择“风格化”选项卡中的“蒸汽波”滤镜；❷ 拖曳滑块，将滤镜应用程度参数设置为 50；❸ 点击“应用到全部”按钮，如图 9-21 所示。

图 9-20 设置转场时长　图 9-21 点击相应按钮

步骤 07 返回并点击“贴纸”按钮，选择一个合适的贴纸效果，如图 9-22 所示。

步骤 08 在预览区域调整贴纸的位置和大小，返回并调整贴纸轨道的持续时长，使其与视频时长保持一致，如图 9–23 所示。

图 9–22　选择合适的贴纸效果

图 9–23　调整贴纸轨道持续时长

步骤 09 返回并依次点击“音频”按钮和“音乐”按钮，添加合适的背景音乐，如图9–24所示。

步骤 10 依次点击“文字”按钮和“识别歌词”按钮，自动添加字幕，❶在预览区域调整字幕的位置和大小；❷设置字体样式，如图9–25所示。

图 9–24　添加背景音乐

图 9–25　设置字体样式

【效果赏析】：点击“导出”按钮，导出并播放预览视频，效果如图9-26所示。可以看到，第一个画面中是一个很好看的路灯，第二个画面中是一个人从画面中走过，给人一种文艺小清新的电影感觉。

图 9-26　预览视频效果